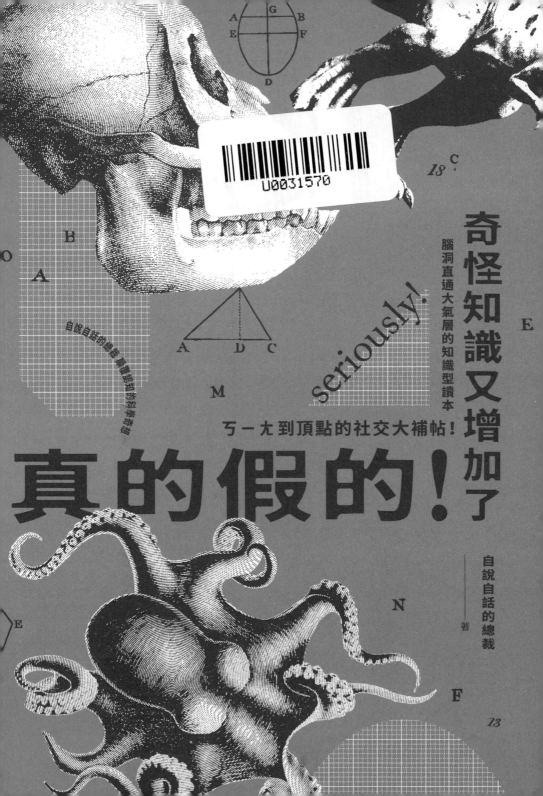

真的假的！奇怪知識又增加了

腦洞直通大氣層的知識型讀本

seriously!

ㄎㄧㄤ到頂點的社交大補帖！

自說自話的總裁 顛覆認知的科學奇想

自說自話的總裁 著

目　錄

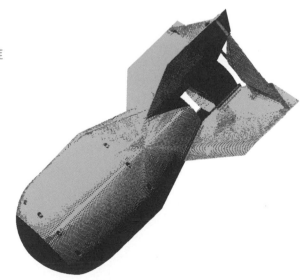

作者序
這個世界不只很煩，而且很奇怪

網路是一個神奇的地方。

20 年前，當我還在稿紙上興奮的創作著科幻小說的時候，最大的夢想，就是腦海裡的這些故事能夠有一天出版成書。誰知道，網路時代突然來了，大家都不看書了。我也從一個夢想寫書的少年，變成了天天提案的職員，又變成了不用睡覺的創業者，到了 2018 年，變成了自說自話的總裁。就這樣，我們終於在網路上相見了。也許大家好奇，我的網名為何如此奇怪？

因為，這就是我上傳第一支影片時的狀態。我當時總是在會議室裡跟工作夥伴說啊說的，從創意說到歷史，又從歷史說到神話，說到泥板，說到阿努納奇和科幻世界。

有人說：「總裁，你把這些故事都錄下來，傳上網啊！」

我說：「行啊，那叫什麼呢？」

他們一致表示，「你就叫自說自話的總裁吧。」好一個自說自話，是一種調侃，也是一種初心。

　　我是一個大腦閒不住的人，腦海裡總是在不由自主的湧現各種各樣的神奇故事；生活中，也總是愛一半聊天，一半自說自話的和朋友亂聊。我的網路節目大概做到 50 期的時候，我問自己，這些內容到底算什麼？科普嗎？絕對不是。娛樂嗎？好像又不夠娛樂。

　　想來想去，我最終想到一個詞——博客（Blogger）、網路日記。沒錯，我分享的其實是我的腦海中的另一個世界，這個世界和我們現實世界有關，又更像是我們現實世界的一個避風港。在這個世界裡，我們能換個角度看現實，而在現實世界裡，我們也會驚奇的發現，奇怪的知識又增加了。

　　我很喜歡繁體版編輯為我在封面上寫下的一句話——「這個世界不只很煩，而且很奇怪」。

　　沒錯，這就是我想表達的東西。進一步提煉，我覺得應該是——「想像力」這個詞彙。現實的煩躁讓我們漸漸遠離充滿童年中那種充滿了想像力的快樂，而當我們換一個視角看現實，我們又會哈哈哈大笑，原來煩躁的現實世界如此奇怪，如此有趣。仿佛會心一笑的那一　那，我們又能找回童年那種充滿想像力的快樂一樣。

　　《真的假的！奇怪知識又增加了》書名其實也暗含玄

機。當初編輯們為我取書名的時候，我們設計了一個小問卷，找了十來個從來沒有看過總裁影片的人，講一段書中的故事。我們想捕捉他們「會心一笑」時的狀態。結果，很多人脫口而出——真的假的！

　　所以，我相信，如果當你也說出這句話，或者心裡冒出這個念頭的時候，你的想像力已經被重新插上了翅膀。這個時候不要拘泥於現實的條條框框，就像還未上學的孩子一樣，讓你的想像力飛吧！這個世界的奇怪一定能戰勝這個世界的煩惱。

　　曾經網路上有一個詞很紅，叫做「販賣焦慮」。套用一下，我覺得自說自話的總裁這個頻道是在「販賣好奇」。正好是焦慮的反面。面對現實的焦慮，當你插上想像的翅膀，飛離地面看地球，你會發現，我們糾結的不過是蝸牛的兩根觸角而已。我還有一個信念，那就是，我們這些奇怪的故事也是社交必殺技。

　　之所以能跟大家分享這麼多奇怪的故事，是因為我在十多年的創業過程中，跑過了無數的地方，見過無數形形色色的人。我發現，無論是思維敏捷的企業家，性格高冷的藝術家，不苟言笑的大學者，還是普普通通的大眾，懵懵懂懂的學子，大家其實都一樣，都會因為一些神奇的故

事而和你拉進距離。「你快點坐飛機過來，要不然我們喝酒吹牛都沒意思」「來來來，快點來，有最新八卦要跟你聊聊」這是我在十多年的創業生涯中經常遇到的場景。

我之所以能在節目裡和大家分享源源不斷的故事，也是因為我始終在傾聽和創作。這些源自於現實人際交往的故事，都是最頂級的腦內啡，讓人上癮。腦內啡？沒錯，這是一種讓我們感到快樂的激素，長跑、聊天、吃火鍋，為什麼很爽？這都是因為腦內啡在作怪。

我曾經好幾次在影片裡分享過《梳毛、八卦及語言的進化》這本書。我們的故事就像最頂級的梳毛，猴子用互相梳毛的習慣獲得腦內啡，而人類把梳毛進化成語言，語言最根本的用途，其實還是互相安撫，互相產生腦內啡。所以，我把我聽來的故事分享給大家，而我也希望大家能夠把這些「真的假的」的故事再傳播、分享給你的朋友。然後，你也會發現你正慢慢變成最受歡迎的人。

最後，感謝廣大觀眾和讀者對我的支持，我始終在傾聽，始終在創作。很多故事也都來源於我和讀者、觀眾的交流。所以，歡迎大家來信，我也隨時傾聽你的故事哦。

自說自話的總裁
selftalkboss@gmail.com

Part 1

動物哪有這麼可愛！

雞
可能是地球真正的霸主

　　有種有趣的說法：從某種意義上來講，暴龍並沒有滅絕，牠們只是變成了雞──有可能在幾億年後，地球上不再有人類的痕跡，雞最後會占領地球。

　　看似普通的雞怎麼有這麼大的本事？來聊聊關於雞的故事吧！

雞，改變地球

　　人們目前飼養的雞，數量已多到能影響地球的結構。據 2020 年的資料統計，全球的養殖場里約有 330 億隻雞。當然，這來自於人類對雞的巨大消費。在解釋雞是如何改變地球結構的之前，我們先來講一個詞：地層。

　　這是一個地質學概念，簡單來說，就是大地是一層一層的，每一層屬於不同的時代，有著自己的特徵和屬性。現在的地球已經 46 億歲，在過去，地球表面每次出現重大變化，都會被埋到地層當中。現在的人類正是透過這些地層的特徵來解讀地球歷史的。

　　比如，20 億年前的地層被認為是造山紀，地層中留下了大量造山的痕跡；6.3 億年前的地層被認為是埃迪卡拉紀，地層中有大量的多細胞生物；4.2 億年前的地層屬於泥盆紀，那時地球像個大泥坑，遍布昆蟲；到了 1 億年前的白堊紀，恐龍稱霸地球。

　　那人類稱霸地球的這 1 萬年裡，我們改變了哪些地

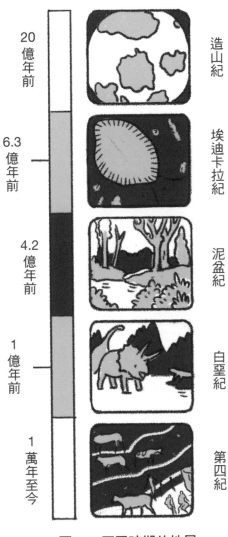

20
億
年
前 ── 造山紀

6.3
億
年
前 ── 埃迪卡拉紀

4.2
億
年
前 ── 泥盆紀

1
億
年
前 ── 白堊紀

1
萬
年
至
今 ── 第四紀

圖 1-1 不同時期的地層

表結構？我們又會在地層中留下什麼？是金字塔、混凝土還是鋼鐵洪流？站在以億年計的地球時間尺度上來看，這些痕跡都會被時間徹底抹掉。但那微不足道卻數以萬億計的、被掩埋在垃圾場中的雞骨頭，卻可能會變成化石，成為地質年代的標記。

一篇科幻小說中有這樣一段情節：億萬年以後，地球上的人類已經滅絕，外星人考古學家來到這顆美麗的藍星，發現藍星上曾經有過一個雞新紀（Orniocene）。外星人在屬於雞新紀的地層中發現了無數的雞骨化石，由此推斷這是一個由雞主宰的時代。他們還找到了這群藍星雞會使用石油燃料、會製造塑膠、會建造城市的明顯證據，這個地層中明顯的核汙染痕跡也被認為是藍星雞曾使用過核能的證明，這說明文明程度相當高，甚至有可能曾經飛出過藍星。

但是，在極短的時間內，藍星雞謎一樣地集體滅絕了。

外星考古學家又在同時代的地層中發現了數以百萬計的亂葬坑，每個坑裡面都有上千億隻藍星雞被掩埋，同時

還有數量同樣驚人的塑膠微粒。

　　於是，外星考古學家寫出了這樣的推斷：很久很久以前，在美麗的藍星上生存著擁有高度文明的藍星雞。某天，這群藍星雞不幸遭遇了一個變態的外星文明，這個變態的外星文明每天都將數以億計的藍星雞混合著塑膠一起挖坑掩埋，可能是在獻祭神明。

　　至於藍星雞滅絕的具體原因，還需要外星考古學家進一步研究……這是個故事，但也並不完全是空穴來風：目前看來，人類能在地球上長久留下的痕跡並非那些我們引以為傲的文明，而是塑膠微粒、核廢汙染、少量鋼筋混凝土，還有大量的雞骨頭。

遠古 BUG

地球上的雞是怎麼來的？「先有雞還是先有蛋」恐怕
是世界上最著名的哲學問題之一。當然，如果從生物學的
角度來講，這沒有什麼好爭論的，畢竟卵生動物出現的時
間遠遠早於鳥類出現的時間，也就是說蛋在雞這個物種出
現之前早已存在，世界上第一隻雞必定是出現在某一顆蛋
之中的。

不過，如果把蛋限制為「雞蛋」，就會產生不同的答
案。最新的研究指出，有一種叫 OC-17 的蛋白質在雞蛋蛋
殼的形成中扮演著關鍵角色，而這種蛋白質僅存在於母雞
的卵巢之中。這個研究可以簡而言之成一句聽起來很像廢
話的話：只有母雞下的蛋，才能被稱作雞蛋。

雞蛋是最常見的蛋白質來源之一。目前，人類在全球
養殖了 42 億隻瘋狂下蛋的蛋雞。一年能生出 9,600 億個雞
蛋，平均每隻雞一年可以下 228 個蛋，目前已知最厲害的
母雞在一年 365 天中，竟然下了多達 371 個蛋。

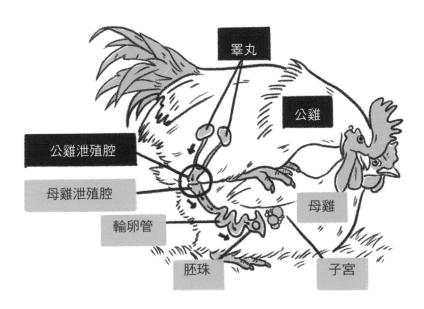

圖 1-2　雞的生殖系統

　　你有沒有想過這些雞是怎麼生出這麼多蛋的？和大部分鳥一樣，雞沒有外生殖器。排泄、排遺和生殖都需要經由「泄殖腔」，這裡是消化管、輸尿管和生殖管的最末端。

　　雞的交配過程和大多數鳥類一樣，是經由公雞母雞泄殖腔短暫的接觸來完成的。我們看到公雞飛到母雞背上，壓住母雞不停啄牠的過程，很可能就是牠們在進行交配活動。兩邊泄殖腔一對，公雞的精液流入母雞的泄殖腔內，就結束了。

　　雖然流程簡單速度快，但是公雞精子的生命力極強。人類的精子就算進入宮腔，最多也只能存活大約 72 小時。而公雞的精子在母雞體內，平均能活 14 天，最久的甚至能存活 21 天！這樣一算，在野外環境中，母雞只要一個月見兩次公雞，就能保證自己體內有活著的精子。

　　另外，母雞還有一種非常強悍的本領，牠們能夠挑選精子，也就是說，牠們可以為自己的後代選擇父親！

　　為了讓母雞選擇自己的精子，公雞在打扮自己這件事情上費盡了心思，不但要讓自己很花俏，最好還要配個高

音喇叭——這些都能在交配前就讓母雞對自己留下深刻的印象，到時候選擇自己的精子，將自己的 DNA 傳播下去。

交配過程簡單快捷，精子存活時間長，再加上可以剔除掉自己不喜歡的雄性的精子，母雞可以說是隨時為繁殖優秀的後代做好了準備，那麼排卵自然是愈多越好了。因此，就算周圍沒有雄性出現，母雞依然會不停地排卵、產蛋。

生完蛋，接下來就是孵蛋了。在恐龍時代的荒野之中，生了蛋被偷走是再正常不過的事。與其花費精力去保護自己的蛋，恐龍媽媽選擇了簡單粗暴的方式解決問題：再生一個。這個行為模式在雞的身上得到了延續。

有養雞經驗，或是小時候偷過雞蛋的朋友們可能會發現一個現象：母雞會數著數生蛋，一天生一兩個，一窩生齊五六個才開始孵蛋。如果你在一窩蛋存滿之前去偷蛋，母雞就會一直下蛋，企圖下到能湊夠一窩為止……

講了這麼多，其實是想說明雞身上有兩個奇妙的特質：

❶ 看不到公雞，母雞依舊會不停下蛋。

❷ 蛋沒有累積到一定數量，母雞就會繼續下蛋。

現代養雞場正是利用了這兩個 bug（漏洞），培育出每天都下蛋的純種蛋雞，使牠們成為下蛋機器。我們在超市冷藏櫃裡看到的幾乎都是這種蛋雞所生的蛋，牠們沒有受精，孵不出小雞。

這些母雞一輩子都見不到公雞，也一輩子都存不滿雞蛋。在激素和飼料的刺激下，一天有 18 小時都在瘋狂啄食，生命中只剩下吃飯、睡覺和生蛋三件事。下蛋少的母雞，會直接被人工篩選掉，剔除不良基因；孵化出來的小公雞，會直接被加工成蛋白質飼料，也就是所謂的綠色循環農業。

這就是悲慘的蛋雞，不過還有比牠們更慘的，那就是肉雞。

明日之雞

我們飼養大量肉雞的原因，不外乎是肉質鮮美、吃得少、長得快。

20 世紀 50 年代前後，畜牧業產出 1 公斤豬肉，需要 3 公斤飼料和 8 個月的時間；產出 1 公斤牛肉，需要 6 公斤飼料和 14 個月的時間；而產出 1 公斤雞肉，只需要 1 公斤多的飼料和 4 個月的時間。

當時的科學家認為，如果好好利用雞自身攜帶的遺傳特點，理論上產出 1 公斤雞肉最少僅需要 1 公斤飼料和 8 週時間，養殖一隻雞只需要 1 張 A4 紙大小的面積。

為了實現這個目標，1948 年，美國農業部和著名的零售公司 A ＆ P，舉辦了第一屆全國明日之雞大賽，想在全美評選出最極品的冠軍肉雞，為世界帶來更多、更好、更廉價的雞肉。這些參賽的雞要有更壯實的雞胸、更肥大的翅根、更豐滿的雞腿，最重要的是，更快速的生長週期。大賽十分成功，為世界帶來了真正的「明日之雞」，也就

是我們所熟悉的白羽雞。

　　經歷半個多世紀，經由不斷優化，白羽雞品種更加成熟。

　　我們可以經由一張表格一目了然地瞭解近幾十年在肉雞育種上，對於更大、更快、更多肉的不斷追求。

表 1-1　肉雞的品種優化進程

	1957 年	1978 年	2005 年
肉雞出生時重量	34 克	42 克	44 克
肉雞28 天時重量	316 克	632 克	1,396 克
肉雞56 天時重量	905 克	1,808 克	4,202 克

　　1957 年，一隻雞要花 56 天的時間，才能長到 905 克；到了 2005 年，一隻雞隻只要 28 天，就可以長到 1,396 克，花上 56 天已經可以長到將近 4,202 克；如今，這些白羽雞已經做到了產出 500 克雞肉，僅需要 800 克飼料和 42 天的時間，所需的飼養面積也縮小到了 B5 紙大小。如此高的飼養效率，讓白羽雞的歐美雞肉市場市占近乎 99％。

　　雖然並非像都市傳說裡講的那樣，肉雞會長出 6 條

雞腿或是 12 隻翅膀，但 42 天短暫的一生，也是一場雞生悲劇：在破殼前，當牠們還是雞蛋的時候，就要被注射疫苗，這是為了防止禽流感、提高孵化率；破殼後的第一天，小雞是在傳送帶上度過的；經過注射疫苗、噴射藥物、人工篩選等一系列流水操作後，被裝入集裝箱，送入養殖場。

　　很多肉雞飼養場使用的是一層層密密麻麻的狹小雞籠，白羽雞在其中只有吃和睡兩件事，連轉個身都不可能。就算依照動物福利程度較高的歐盟標準，養殖場不得使用雞籠，面對的也是一個全封閉的，連窗戶都沒有的溫室，光照、通風和溫度全部靠電腦控制，經由專門的管道輸送飲水和飼料。

　　白羽雞長得快，八分靠基因，兩分靠飼料。42 天後，牠們已經胖得走不動路，但實際上還只是個寶寶。雞的平均壽命大約為 5 ～ 10 年，已知最長壽的雞活到 26 歲。換算一下，42 天的雞，以人的生命週期換算相當於一個 8 個月大嬰兒。然而，等著這個可能連太陽都沒見過的雞寶寶的，是自動化的屠宰線。

是龍，還是鳥？

　　說起來，這些白羽雞雖然經歷著如此悲劇的「雞生」，卻有著一位大有來頭的祖先。

　　科學家在一塊一億年前的巨大琥珀中發現了一隻酷似「鳳爪」的爪子，牠的主人當然不是一隻雞——一億年前雞還沒有出現在地球上。在帶羽毛的化石和這些帶著「鳳爪」的琥珀出土之前，科學家們一直認為這是一種小型恐龍。

　　不過，根據最近十多年發現的證據，科學家們為這些化石重新製作復原圖，不論是誰都不由得對一億年前是不是真的沒有雞這件事產生了一些懷疑。科學家們也改變了想法，不再說牠們是恐龍，而是將這種化石稱為反鳥類——一種已經滅絕的原始鳥類。我們現在所能看到的這些活著的鳥被稱為「今鳥類」，反鳥類的這個「反」字，與今鳥類的「今」相對，指的是肩胛骨和烏喙骨（鎖骨後方的棒狀骨）的連接方式與今鳥相反。

圖 1-3　像暴龍一樣行走的雞

也不能怪科學家一開始傻傻分不清楚恐龍和鳥，畢竟牠們之間的關係可能比我們想像中要近得多。一些科學家認為 6,500 萬年前恐龍並未完全滅絕，恐龍中的似雞龍、似鴨龍、似鴕龍，在如今都成了雞、鴨、鵝等。近些年，世界各地不斷發現長羽毛的大型恐龍化石，就連最兇猛的暴龍也沒逃過可能「長毛」的命運。

恐龍和鳥不僅僅在外貌上相似，2007 年，遺傳學家阿薩拉（John M. Asara）的團隊從暴龍化石上提取了蛋白質，並進行分析。研究結果指出，這種蛋白質在結構上與雞的蛋白質最為相似。

暴龍和雞，這對組合實在勁爆，許多恐龍愛好者摩拳擦掌、躍躍欲試，企圖經由雞的形態重新復原暴龍的樣子。2015 年的搞笑諾貝爾獎生物學獎就頒發給了智利大學的格羅西（Bruno gross），因為他幫雞加了一個像是馬桶塞的尾巴，改變了雞的重心，讓雞可以像暴龍一樣行走。

雞，接管地球

可能是因為身上流著暴龍的血，只要提供合適的條件，就算是一輩子沒見過太陽的白羽雞也有鹹魚翻身的潛力。

在電影《侏羅紀公園》的拍攝地，夏威夷的考艾島上，就上演了這樣一齣逆襲大戲。目前在這座島嶼上自由漫步的不是恐龍，而是牠們的遠房親戚——那裡生活著上萬隻重新野化的家雞。

據說 1982 年和 1992 年，颶風先後兩次襲擊小島，島上飼養家雞的養殖場被摧毀，大量家雞逃逸，和數千年前被波利尼西亞人帶到島上的紅原雞結了親。由於島上四季如春、食物充足，這些雞迅速適應環境，一代一代繁衍下去，漸漸壯大了自己的種群。現在，牠們在小島上自由地生活著，儼然成為島上一霸。這些雞身手敏捷，人類用網槍都很難抓住牠們。看來，即使是飼養場裡的白羽雞，也還保留著重回自然的本能。一旦人類衰敗，養殖場裡的幾

百億隻雞,是不是也能夠像考艾島上的那些家雞一樣重回自然,甚至⋯⋯接管地球?

其實,雞可能遠比我們想像的要更聰明:科學家的研究結果顯示,雞的眼睛中有四種視錐細胞,除了能看到人類眼中的紅、綠、藍三種顏色以外,還可以看見紫外光,公雞破曉時啼叫就是因為牠們比我們更早感受到了光亮;雞的記憶力很好,至少可以記住 100 張不同的面孔;會用 30 多種聲音彼此交流;雞會感到疼痛;雞還像人類一樣做夢⋯⋯想到這裡,不由得有些緊張:會不會有那麼一天,全世界所有的雞聯合起來接管地球,甚至向人類復仇,成為滅絕人類的最後一根稻草呢?畢竟,牠們體內可能有著暴龍的基因。

02

進擊的章魚
被小看的軟體學霸

　　有一隻章魚曾經登上過《時代》週刊的封面。這隻名叫「保羅」的章魚曾在 2008 年和 2010 年的歐洲杯和世界盃足球賽上大放異彩，不是因為牠會踢球，而是因為牠的「預言」。

大預言家——章魚哥保羅

　　章魚保羅生活在德國奧博豪森水族館中。嚴格來說，保羅是一隻真蛸（音同「稍」），是章魚的一種。章魚從分類學上講，屬於軟體動物門頭足綱，我們很熟悉的魷魚和烏賊也同樣屬於頭足綱（可能有點令人意外的是，鸚鵡螺也屬於頭足綱，但牠們屬於不同的亞綱）。

　　頭足綱，顧名思義，就是這些生物的腕足都直接長在了腦袋上，可以說是真實版的「脖子底下全是腿」了。經常有人分不清楚章魚、魷魚和烏賊。其實只要數數腿的數目，章魚還是很容易和另兩位兄弟區分開的：章魚有八條腕足，而魷魚和烏賊都擁有十條腕足。所以章魚還有另一個更通俗的名字：八爪魚。

　　2008年，水族館的工作人員突發奇想，在保羅的水箱中放入了兩個帶蓋的塑膠盒，盒上分別貼著德國和波蘭的國旗，並在其中各裝入了一塊保羅最喜歡的貝肉。他們希望經由觀察保羅選擇先吃掉哪個盒子裡的貝肉，來對即將

進行的歐洲杯小組賽結果進行預測。

　　第一次，保羅選擇了德國，比賽結束，德國以 2：0 戰勝了波蘭，結果準確無誤。接下來，牠又在工作人員的安排下，「預言」了五場德國隊將要出戰的比賽，並準確地預測出了其中四場比賽的結果，83％的準確率讓保羅小有名氣。

　　到了 2010 年南非世界盃時，保羅又被「寄以厚望」地安排參加了「預言」。隨著一次又一次預測出準確的結果，保羅在全世界的名氣愈來愈大，牠的「預言」成為固定節目，電視台會專門為每次預言過程進行直播。毫不誇張地說，當年等著看保羅預測結果的人，可能不比看世界盃比賽的人少。

　　結果，保羅毫無波瀾地猜中了被安排預言的八場比賽結果。只有在預言德國會在半決賽負於西班牙時，引起德國球迷的極大不滿，引發了一場風波（然而事實證明，德國確實也在這場比賽中輸給了西班牙）。可惜的是，當年十月，保羅去世。

　　章魚，真有這麼神奇嗎？

章魚的一生

　　水族館中會「預言」的保羅在章魚裡應該算是一個特別的存在，「預言」這種事本身就玄而又玄，大可一笑了之。但是章魚確實是一種神奇的生物。

　　2020 年 9 月，電影工作者克雷格‧福斯特（Craig Foster）的紀錄片《我的章魚老師》，記錄了他對跟拍章魚的 300 多天。從這部片子中，我們可以一窺野生章魚的一生。

　　克雷格跟拍的第 1 天，這隻章魚很警惕，躲在洞裡不出來。克雷格只好把攝影機留在洞口，自己離開。後來，克雷格在檢查攝影機時發現了這樣的畫面：章魚找來了一個扇貝殼，一邊用貝殼當盾牌將自己擋在後面，一邊伸出了幾隻腕足去攻擊攝影機。

　　克雷格的攝影機還記錄下了章魚的種種神奇行為。牠可以像變色龍一樣變色，將自己和環境融為一體，整個變色過程流暢得就像是在電腦軟體里拉漸變一樣（其實很早

以前亞里斯多德就觀察並記錄下章魚的這個行為了）。這
是因為牠的皮膚中存在著能夠回應不同波長光的視蛋白。
牠還會擬態，也就是把自己裝扮成別的生物嚇唬人。

在跟拍的第 125 天，克雷格拍到了一條小鯊魚追捕這
隻章魚的畫面。這條小鯊魚咬住了章魚的一隻腕足，不停
地翻滾，最終，鯊魚嚼著這隻被咬斷的腕足，囂張地離開
了。

章魚斷掉了一隻觸手，元氣大傷，行動遲緩，顯得很
虛弱，一連好幾天都趴在洞裡，一動不動。但一週後，章
魚遊出了洞穴，一隻新的腕足已經長了出來。

跟拍的第 270 天，克雷格拍到了章魚捕龍蝦的場景。
龍蝦在水中的運動方式很特殊，牠會把身子一弓，倒退著
行進。也就是說，如果從頭部所在的方向接近，龍蝦會向
後滑走逃脫。在進行了幾次失敗的嘗試之後，章魚很快
找到了要領，牠把身體變成一張網，悄悄地從後面靠近龍
蝦，一擊得手，獲得了一頓大餐。

克雷格還記錄到，章魚會用吸盤根部慢慢磨開貝殼，
再精準地對閉殼肌注入毒素，讓貝殼主動開門，放棄抵

抗，從而打開堅硬的貝殼，吃到美味的貝肉。

跟拍的第 304 天，那條鯊魚又來了，章魚使用了一個新絕招：噴出墨汁。藉此迷惑鯊魚的視線，逃到了海藻叢裡。在鯊魚再次追來時，章魚竟然為了逃避「追殺」直接爬上了岸。但牠不能在陸地上待太久，章魚看準時機又遊回海中。這次牠找到很多貝殼，用貝殼包裹住身體，再用觸手吸住，為自己造出了一身「盔甲」。鯊魚各種嘗試，還是無法攻破貝殼防線，反而給了章魚可乘之機，章魚騎到了鯊魚的背上。這隻章魚是要成精了吧。

在跟拍的第 324 天，章魚談戀愛了，有一隻雄章魚住進了洞裡，但很快，雄章魚就消失了，很可能是被攝影師跟拍的這隻章魚吃掉了。接著，牠在洞穴中產下了數十萬隻卵，自己守在門口，不斷地透過腕足上的虹吸管幫章魚寶寶提供氧氣。牠不吃飯，也不捕獵，愈來愈虛弱。到了小章魚孵化出來的那一天，牠已經奄奄一息，那條鯊魚終於聞到死亡的氣息，游過來把牠叼走了。

而章魚寶寶們對此一無所知，牠們不會從父母那裡繼

承任何東西，只能獨自面對茫茫大海，開始屬於自己的生活。

其實牠們的媽媽在這一生中，用貝殼做盾牌或盔甲、捕捉龍蝦、岸逃避鯊魚的追捕等這些令我們嘖嘖稱奇的行為，也都是獨自摸索而來的。

真的假的
奇怪知識又增加了

圖 1-4　騎在鯊魚背上的章魚

軟體資優生的超高效學習法

說起學習，章魚簡直聰明得不像是軟體動物。

動物學家格拉齊亞諾‧菲奧里托（Graziano Fiorito）曾經做過兩個實驗，第一個實驗是教一隻章魚轉開瓶蓋。

起初，菲奧里托在瓶子中裝上了章魚最喜歡的食物——螃蟹，並在瓶蓋上鑽了幾個孔，讓章魚能在打開瓶蓋時更好用力，然後把瓶子放進了章魚所在的水槽。章魚察覺到螃蟹的味道，抱住了瓶子，用各種方式探索著瓶子的結構，但始終沒辦法打開瓶蓋，只能將觸手從蓋上的小孔中伸進去摸螃蟹。

然後，菲奧里托拿出瓶子，向章魚展示了打開瓶蓋的過程，又將瓶蓋轉緊，還給了章魚。這次章魚很快做出了類似「轉瓶蓋」的動作，不一會兒，瓶蓋真的被打開了。

接著，菲奧里托又進行了第二個實驗。他設計了一個在三個面上分別有三個蓋子的盒子，這三個蓋子的打開方式都不一樣，有的蓋子需要轉開，而有的蓋子則需要扳

開。菲奧里托在盒子中放上螃蟹，將這個透明的盒子放入了新手章魚 A 的水槽，只要能打開這三個蓋子中的任何一個，牠就能享用裝在裡面的螃蟹肉。此時，新手章魚 A 並不知道要怎樣打開這三個蓋子。

接著，菲奧里托在旁邊的另一個水缸中，放入同樣的盒子和一隻已經經過訓練，學會了打開其中一個蓋子的老手章魚 B，讓章魚 B 為同伴示範了一下如何打開蓋子吃到螃蟹。

在觀看了同伴打開盒子的過程後，章魚 A 不一會兒也打開了盒子。經過重複實驗，菲奧里托發現，章魚 A 每次打開的都是同一個蓋子，也就是章魚 B 所示範的那一個。這顯示，章魚 A 不是在瞎貓撞上死耗子，而是在觀看章魚 B 的行為之後，真的學會了應該選擇哪個蓋子以及如何打開這個蓋子。

這是人類第一次在無脊椎動物身上發現了模仿學習的能力。而以往的觀點認為，這些動物的智力低下，不可能有學習能力。

逃脫大師

不過，在生存這件事上，頭腦夠聰明只是條件之一，身體條件不夠，一樣找不到出路。

時間來到 2011 年，有人在阿拉斯加的屈斯威爾島群島（Chiswell Islands）的捕魚船上拍到了一段神奇的畫面：

捕魚船的甲板上有一隻被捕撈上岸的北太平洋巨型章魚（Enteroctopus dofleini），從名字就可以看出，這是種體形巨大的章魚。畫面中這隻章魚在甲板上四處探尋著，似乎在尋找著逃回大海的方法。

很快，牠發現了甲板上大概 10 公分高、3 公分寬的排水孔。現場沒有人敢相信章魚有這種超能力，但這個大傢伙，就在眾目睽睽之下，從這個人類聯手都伸不出去的小洞中鑽了出去，逃出生天，游向大海。

其實在此之前就曾有科學家在實驗室裡測試過章魚穿越迷宮的能力，他們設計了一個用塑膠板搭製的相當複雜的迷宮。一隻 15 公斤重的章魚輕鬆地經由了迷宮中一個僅

僅寬約 2.5 公分的細縫，並順利鑽過了同樣狹窄的透明管
道，遊出了迷宮。

其實章魚全身都像水一樣柔軟，只有口部有一個像鸚
鵡喙一般的堅硬角質結構用以肢解獵物。只要堅硬的口部
能通過，章魚的全身就都能通過。據科學家估計，一隻 60
公斤的章魚，可以穿過一個 2.54 公分×2.54 公分大小的
孔。也就是說，一隻和正常成年人體重相當的章魚，可以
在一個飲料瓶瓶口大小的洞中鑽來鑽去。

如此看來，那只在甲板上的北太平洋巨型章魚能夠逃
出生天，沒有被做成鐵板燒，憑藉的是自己的種族天賦。
況且，章魚哥的種族天賦還不止一個。

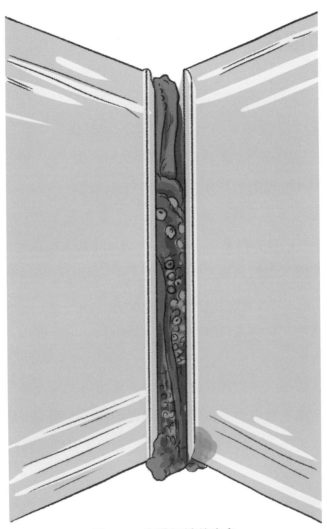

圖 1-5　穿過細縫的章魚

九頭章魚

除了身體結構特異，章魚的大腦結構也十分特殊。神經元是神經系統最基本的結構和功能單位，人類的大腦中擁有 850 億個神經元，章魚則有 5 億個神經元，雖然和人類相比仍差了幾百倍，但是，這已經超越了不少哺乳動物。章魚的神經數量是大鼠的 2.5 倍，達到了和貓狗近似的數值範圍。雖然神經元的多寡並不能百分百代表聰明的程度（例如大象的神經元數量比人類要多出幾倍），但確實可以在一定程度上說明章魚在「拚智商」這件事上，是有本錢的。

人類和大多數哺乳動物的神經元多分布於大腦，神奇的是，雖然章魚也有一個作為神經中樞的大腦，但是大腦只集中了一小半神經元，大部分神經元生長在八條腕足之上。

也就是說，我們可以簡單粗暴地認為，章魚的每條腕足都擁有自己的「大腦」，每條腕足都能自主地處理資

訊。相當於一隻章魚長了九個「大腦」。這樣分布的神經系統，可以讓章魚利用為數不多的神經元實現複雜的神經調控，完成一些看似不可能的任務。

科學家把一隻章魚關在了一個瓶子裡，瓶蓋需要旋轉才能被打開。而章魚只花了兩分鐘，就從裡面扭開蓋子，逃了出來。在另一個實驗中，章魚還破解了連人類兒童都難以破解的機關，拆解了一個奶瓶。

只有一個大腦的我們似乎有點難以想像九個大腦同時思考的感覺：你能想像自己的手和腳具有獨立的意志嗎？

不過一個有趣的例子，也許多少能讓我們理解章魚一些。

雄性章魚的八隻腕足中，有一隻比較特殊，被稱作「交接腕」，一般是第三右足。這隻交接腕的尖端和其他腕足看起來會有一些不同：牠的尖端表面是平滑的，沒有吸盤，有一條溝槽，呈現勺子的形狀。

在交配時，雄章魚會把一個非常大非常精緻的精子囊裝備到交接腕的溝槽之中，將交接腕伸入雌章魚的外套

膜，留下精子囊，完成交配過程。據說有些種類的章魚，
還會「壯士斷腕」，直接將自己的交接腕捨棄在雌章魚的
外套膜裡。

　　甚至還有報導說，在體形差異過大，難以完成交配
時，一些雄章魚會在一旁先完成斷腕程式，讓交接腕自己
遊到雌章魚的外套膜中。

　　這些被捨棄的交接腕其實還是「活的」，以至過去科
學家們在看到雄章魚留在雌章魚體內的交接腕時，一度誤
以為這是一種寄生在雌章魚體內的蠕蟲。

　　章魚對於外界的感知是極為豐富的。每一隻腕足都
可以像獨立個體一樣對世界進行探索，牠的眼睛也毫不遜
色，甚至，有著比脊椎動物的眼睛更合理的結構。

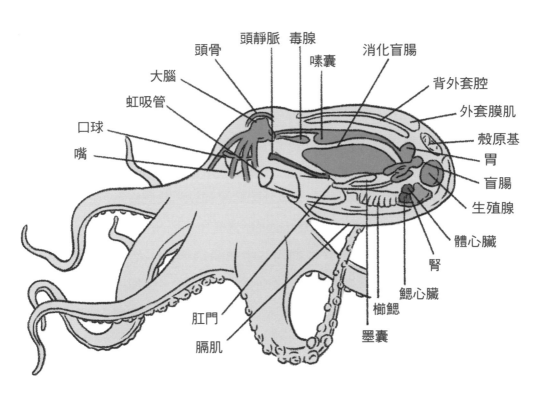

頭靜脈　毒腺
頭骨
大腦
虹吸管
口球
嘴
嗉囊
消化盲腸
背外套腔
外套膜肌
殼原基
胃
盲腸
生殖腺
體心臟
腎
鰓心臟
櫛鰓
墨囊
肛門
膈肌

圖 1-6　章魚的結構

完美的眼睛

　　簡單來說，眼睛的成像原理是這樣的：物體的影像經由屈光系統，落在視網膜上。視網膜就像一架相機裡面的感光底片，是我們形成視覺的基礎。

　　章魚擁有相當好的視力，用以在幽暗的深海中發現食物。我們前面說過，章魚大腦中的神經元細胞只占神經元細胞的 40%，有四分之三被分配給視神經。我們與章魚的眼睛結構基本相似，但是視網膜結構有所不同。

　　人類以及所有脊椎動物的視網膜結構基本都是一樣的，大致由 3 層細胞組成，分別為感光細胞、雙極細胞和節細胞。其中感光細胞負責感知光線，並將光訊號轉化為電訊號；雙極細胞則負責分析處理來自感光細胞的視覺訊號；最後節細胞將經雙極細胞處理過的視覺訊號進行歸類，並傳輸至大腦，最終在大腦中形成影像。

　　也就是說，外界輸入的光訊號，是按照感光細胞—雙極細胞—節細胞的順序，經過處理再傳遞給大腦的。然而

在我們的視網膜中，應該第一個處理光訊號的感光細胞卻位於最裡層，而最後接手訊號的節細胞位於最外層。

如此一來，當光線射入瞳孔時，要先經過節細胞和雙核細胞，最後才能到達感光細胞。這些「擋」在感光結構前的細胞，就會反射或折射光線，使感光細胞成像的品質下降。好在我們進化出了其他結構來避免這種干擾，這樣的結構順序也有著自身的意義。

無法避免的是，由於這樣的順序，為了替節細胞和雙核細胞供應血液，我們的視網膜表面分布著一層一旦出血就會擾亂入射光線的血管網；視網膜與眼球之間只有碎散的接觸，受到較大的外力時，視網膜就有脫落的可能。

章魚就沒有這些煩惱了，牠長著「順序正確」的視網膜，感光細胞可以不受干擾地接受光線訊號，神經纖維也牢牢地拉著視網膜，使其不易脫落。

說起來，章魚的眼睛有著與人眼不同的進化路徑，有著不同的視網膜結構，但在眼球結構上，又有些「殊途同歸」的意思，實在讓人不得不感嘆進化的神奇。

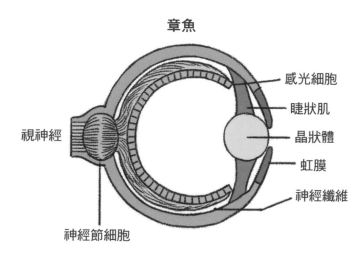

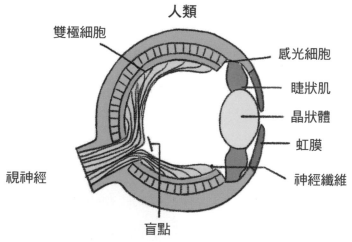

圖 1-7　章魚的眼睛與人類的眼睛

據說，最古老的章魚化石來自 2.96 億年前。這個古老而神奇的類群在進化中的創新令人瞠目結舌，牠們如今甚至還具備自己編輯自己的 RNA 這種「逆天改命」的能力。但是牠們的「短命」限制了牠們的「成精」程度。

幸虧如此，不然我們就要失去醬爆八爪魚和章魚燒了。

殺人蜂
人造怪物入侵

　　63 年前，因為一場實驗室事故，27 隻殺人蜂逃出實驗室，現在成為 15 億隻殺人蜂大軍。

蜂狂事故

1986 年，一支來自邁阿密大學生物系的科學團隊來到中美洲的叢林進行考察。這些隊員都受過良好的野外訓練，來自馬來西亞的 S 君只有 24 歲，已經是團隊中的「小領隊」，走在了隊伍的最前面。

突然，他發現了一個不大不小的山洞，僅僅夠一個人彎著腰進去。

「洞中會有蝙蝠或是未知的昆蟲嗎？」他摸索著走了進去，期待能有所發現。

好奇心驅使他不斷往裡面走，洞愈來愈窄，也逐漸沒有了光線，於是他打開了強光手電筒。看到眼前的場景，他開始後悔自己剛剛的決定：山洞的內壁上，密密麻麻地爬滿了蜂群。受到強光的刺激，幾秒之內，蜂群發出了巨大的「嗡嗡」聲。他知道大禍臨頭，趕緊轉身往洞外爬，但是一切都已經晚了，洞中的蜂群已被激怒。

S 君的同伴們在聽到他的尖叫後，趕緊追到洞口，剛好

看到從洞中出來的 S 君，和他頭頂像一片烏雲般的蜂。有兩個同伴用夾克罩住頭，想衝上去搶救 S 君，但蜂群的攻擊實在太兇猛了，他們根本無法靠近，只能眼睜睜地看著 S 君倒在地上。S 君的尖叫聲逐漸低沉了下來，變成了呻吟，蜂毒正經由蜂針侵入他的身體，他的呼吸愈來愈急促，心跳急劇下降，血壓即將崩盤。

最終，同伴沒能救下 S 君，救援人員趕到後，他們發現 S 君每平方公分的皮膚上大約有 7 個蜂刺，在 10 分鐘以內，S 君至少被螫了 8,000 下。

同樣被蜜蜂螫得不輕的同伴們意識到，這極有可能是一種人們從未見過的蜂。

美夢還是惡夢

在 S 君遇難的 30 年前，一艘來自巴西的郵輪停靠在南非港口。巴西遺傳學家瓦立克·克爾（Warwick Estevam Kerr）興沖沖地下船，當地的養蜂人已經按照約定，為他準備好了 47 隻非洲蜜蜂的蜂王。

克爾興奮地伸出手，剛碰到蜂巢就被螫了一下。他非常滿意，因為他想要的就是這種脾氣暴躁的非洲蜜蜂。美洲大陸上的蜜蜂是隨著新大陸開拓，被歐洲人從歐洲帶來的。但是，歐洲蜜蜂不適應美洲的氣候，蜂蜜產量一直不高。20 世紀 50 年代，巴西還是一個農業國家，有著豐富的蜜源植物，因此，巴西政府十分希望當地的養蜂業能有良好的發展，以大幅提高蜂蜜的產量，但是近一個世紀前引入的歐洲蜜蜂卻不太爭氣。克爾被委以「國家級」任務，計畫培養出一種更適應巴西氣候的蜜蜂。

　　經研究後克爾發現，非洲和巴西的氣候差不多，非洲蜜蜂適應性強，蜂蜜產量高，如果能將非洲蜜蜂帶回巴西，讓牠們和已經在巴西生活繁衍的歐洲蜜蜂雜交，也許就能培育出一種全新的「巴西蜜蜂」。再加上巴西豐富的植物資源，幾年以後，全世界都吃到極品巴西蜂蜜就不再是夢！

　　但是，非洲蜜蜂也有一個顯著的缺點，與溫馴的歐洲蜜蜂相比，非洲蜜蜂以性情暴虐出名。不過這也不能怪這些蜜蜂，畢竟非洲大陸的生存難度可是煉獄級的。牠們最主要的威脅來自蜜獾。

　　蜜獾是一種鼬科動物，背部灰白，頭部扁平，因此被戲稱為「平頭哥」。雖然牠比一隻紅貴賓大不了多少，但曾在 2002 年被金氏世界紀錄收錄為「世界上最無所畏懼的生物」。在危機四伏的非洲大草原上，吃鱷魚、玩蠍子、鬥毒蛇、對幹獅子、咬豹子都是牠的生活日常。

　　然而，就是這樣彪悍的「平頭哥」，內心也住著一隻溫柔的「小熊維尼」，牠最喜歡的食物居然是蜂蜜和蜂巢中的蜂類幼蟲。蜜獾長了一身防螫的厚皮和與體形不成比

例的巨大前爪，就是為了方便自己在蜂巢間從容自若，大快朵頤。

面對如此強悍的對手，為了生存，非洲蜜蜂不得不向著提高自身攻擊性的方向進化，才能在與「平頭哥」的對峙中，闖出一條生路，甚至不時獲得一些勝利。當然，這勝利艱難而慘烈，想要真正阻止蜜獾對於蜂巢的破壞，就只能將其活活螫死，這對非洲蜜蜂來說也是一場同歸於盡的戰鬥。

經常陪著這種神級選手過招，被迫戰鬥力破表的非洲蜜蜂來到菜鳥大陸——美洲的時候，又會發生什麼呢？

圖 1-8　愛吃蜂蜜和蜂類幼蟲的蜜獾

放虎歸山

時間過得很快，47 隻非洲蜜蜂的蜂王在克爾的實驗室中已經待了一年。

克爾教授設計了一種巧妙的裝置：一個裝在蜂巢出入口上的隔離器。蜂王和雄蜂因為個頭較大，無法通過隔離器上面的小孔，只能一直被關在蜂巢之中；而體形較小的工蜂則可以通過隔離器上的小孔自由出入。

蜜蜂有著嚴密的社會結構。在一個穩定的蜂群中，會有一隻蜂王、幾隻雄蜂和數以萬計的工蜂。蜂王是一隻有繁殖能力的雌蜂，負責產卵並維持整個蜂群的穩定；雄蜂只負責與蜂王交配，在完成交配後快速死去；工蜂是沒有繁殖能力的雌蜂，承擔了蜂群中剩餘所有的工作，包括但不限於築巢、採集花粉、哺育幼蟲等。

克爾的如意算盤打得很好，囚禁蜂王就相當於囚禁了整個蜂群。這樣一來，一方面可以利用蜂王進行一些雜交實驗，另一方面又可以利用工蜂研究蜂群對於巴西氣候環

境的適應情況,而沒有生殖能力的工蜂就算飛走,也不會
對環境產生任何影響。

　　直到 1957 年 10 月,一個實驗室新來的臨時工看到工
蜂穿過加設在出入口處的隔離器時有些吃力。他想當然地
認為,蜂箱上的這個小孔嚴重地妨礙了整個蜂群的工作效
率,就隨手拔掉了蜂箱上的隔離器。而當克爾教授發現這
個情況的時候,已經有 27 隻蜂王帶著自己的部下飛向了廣
闊的美洲大陸。

　　歐洲蜜蜂一年只交配一次,但是非洲蜜蜂全年無休,
一隻蜂王每天可以產 2,000 顆卵,一年就是 60 萬顆。這些
逃跑的非洲蜜蜂憑藉著自己的種族天賦,在美洲大陸上橫
行霸道,並提前完成了克爾教授的構想──和當地的歐洲
蜜蜂雜交。

　　一種全新的蜜蜂即將出現。

暴虐狂蜂

　　一支變異的生物大軍在野外悄悄擴張著，但在很長一段時間裡，這些雜交蜜蜂都十分低調。直到 7 年後，就在大家已經漸漸遺忘牠們的時候，突然出現在里約熱內盧。

　　有一天，克爾教授突然收到來自里約熱內盧的求助，說在里約出現了很多發瘋的蜜蜂，會襲擊海邊的遊客。克爾教授趕到里約，一眼認出這就是 7 年前從自己實驗室逃跑的東西。牠們雖然如自己想像般，與巴西本地的歐洲蜜蜂進行了雜交，卻沒有像設想中的那樣繼承歐洲蜜蜂溫馴的性格。非洲蜜蜂的基因太過強勢，因此這兩種蜜蜂雜交的子代性狀幾乎與非洲蜜蜂一模一樣，甚至變成了比非洲蜜蜂更暴虐的存在。科學家稱這些雜交蜜蜂為非洲化蜜蜂。

　　壞消息接連傳來，不斷有人死於蜜蜂的攻擊。整個里約陷入了恐慌，媒體為這些蜜蜂起了一個更直白的名字——殺人蜂。

蜂毒的成分十分複雜，除了蟻酸和神經毒素，還包括多肽、酶、生物胺等多種活性物質，其中還有一些會引起嚴重變態反應的高抗原性蛋白。毒素本身的毒性會對人體造成傷害，被蜜蜂螫刺後引起的過敏反應，還會造成人體在極短時間內血壓下降，使人進入過敏性休克狀態，最終因呼吸、循環衰竭而死亡。

然而科學家對此毫無辦法，他們也想不出如何對付這些蜜蜂。但是他們知道，這些非洲化蜜蜂的生存能力極強，在野外只會愈來愈多。雖然經由一些手段，科學家可以讓牠們在里約銷聲匿跡，但牠們仍會在人類看不見的野外不斷擴散，接下來的情況一定更糟。

1975 年，巴西科學家做了一個實驗，他們在一個非洲化蜜蜂的蜂箱前，用一小塊誘餌激怒牠們。

34 秒內，蜂箱中 5 萬隻蜜蜂幾乎全部出動，在 2 分鐘內叮咬了誘餌 500 次。500 次正是人類的致死量，也就是說，如果換成是一個人激怒了這群蜜蜂，那麼 2 分鐘之後，他就會變成一具屍體。

　　巴西科學家還對非洲化蜜蜂的擴散速度進行了推算：從 1960 年開始，非洲化蜜蜂在野外以每年 250 公里的速度迅速擴張，預計牠們會在 2000 年左右開始入侵美國。巴西的生物危機，即將演變為整個美洲的生物危機。

　　然而，20 世紀 70 年代巴西科學家的研究成果並沒有得到美國人民的重視。直到 1991 年的春天，美國南方各地開始出現「殺人蜂」襲擊事件。

　　那是週六的下午，德州已經春光明媚，迪亞茲正在花園裡愜意地修剪著自己的草坪。這個時候他還不知道，花園中出現了一個殺人蜂的巢。

　　殺人蜂能感應到 15 公尺以內的任何威脅，不管是動物、人類，或者是一點點怪異的聲響。如果一隻工蜂對這種威脅釋放出「立刻攻擊」的費洛蒙，那麼，半分鐘以內，整個蜂群就會傾巢出動。

　　此時，割草機巨大的聲音令這些蜜蜂感到不安，牠們發出了「立刻攻擊」的費洛蒙。割草機的聲音掩蓋了蜜蜂襲擊，迪亞茲並沒有聽到蜂群發出的嗡嗡聲。在沒有任何防備的情況下，數百隻殺人蜂一擁而上……幸好，牠們

的主要攻擊目標是割草機，迪亞茲也因被家人及時送往醫院，總算撿回了一條命。

可以說，整個 20 世紀 90 年代，美國南部的居民都生活在這些蜜蜂的陰影當中：當你打開信箱，搞不好就會和牠們撞個正著；也有可能哪天正在看著電視喝著咖啡，牠們就從電源孔裡飛了出來。

蠢蠢欲動

2005 年 1 月，霍維（Greg Hovey）正在亞利桑那州巨人柱國家公園，按照線路進行 11 公里路跑。突然，一個人朝霍維跑來，他邊跑邊尖叫，要霍維救他，他的身後跟隨著一片巨大的蜂群。霍維脫下衣服，跑過去驅趕他頭頂的蜜蜂。但很快地，霍維也成了蜜蜂的襲擊目標。霍維開始逃跑，但他愈跑愈吃力，每跑一步都感覺像在爬一座陡山。

事後霍維回憶，他本來無法想像一萬隻蜜蜂是什麼概念，但那天，他感到蜂群像一塊石頭一樣砸向自己。

幸好，那天野外救援的直升機迅速趕到，一針腎上腺素讓霍維重回人間。而那個向霍維求助的人就沒這麼幸運了，他在醫院裡躺了 2 個月，留下了終生的心臟病。

後來經過調查證實，襲擊他們的正是在野外默默繁殖著的非洲化蜜蜂。人類可以管理城市，但無法管理整個自然。非洲化蜜蜂還是在美洲大陸的野外悄悄繁衍著、擴散著，甚至，開始「進化」了。

馴化殺人蜂

聽起來似乎是一場會滅絕人類的災難？

不過，截至 2006 年，全球因「殺人蜂」死亡的人數還不到 1,000 人。管理「殺人蜂」甚至還成了一門生意。

由於其具有顯著優勢的產蜜量，科學家將研究結果傳授給當地的養蜂人，告訴他們「管理殺人蜂」的祕笈；民間開設的滅蜂公司生意也十分興隆。專家們據此認為，只要得到有效「管理」，防止非洲化蜜蜂在野外無序繁衍，就能控制住局面。

波多黎各就是一個最好的例子，當地於 1994 年首次發現非洲化蜜蜂，但經過嚴格的控制和選育，到 2006 年的時候，牠們已經變得和歐洲蜜蜂一樣溫和了，不過依舊保持了非洲蜜蜂的適應力和蜂蜜產量。這不就是克爾教授當年的心願嗎？

在「獵蜂」前線工作了 20 年的殺人蜂獵人大衛・馬德（David Marder），在接到求助電話以後，大衛會立刻趕

到現場。他先用一種費洛蒙控制蜂群，使牠們全都平靜地回到蜂巢之中。然後，全副武裝的大衛會迅速出手，將蜂王、雄蜂和蜂巢一網打盡。

　　大衛經營著一座養蜂場。在養蜂場中，如果在蜂箱裡發現了非洲化蜜蜂的雄蜂，工人們會毫不猶豫地消滅牠，防止牠和已經被馴服的蜂群交配。

　　這樣看起來，似乎只需要一些簡單的專業操作，人類還是可以與「殺人蜂」各自安好的。甚至，從整體來看，非洲化蜜蜂帶來的好處比造成的損失要多得多。牠們高效率的工作方式，比水土不服的歐洲蜜蜂更能為植物進行授粉。在老家巴西，經過不斷改良，牠們成了當地化的巴西蜜蜂，完成了克爾教授當年想讓全世界吃到優質的巴西蜂蜜的夢想。但是，事情真的會這麼簡單地結束嗎？

　　2011 年，美國東北的康乃狄克州也報導了一起「殺人蜂」襲擊案例。但在此之前，科學家們認為非洲化蜜蜂是不可能入侵當地，因為這裡的冬天對牠們來說太冷了。

　　DNA 報告顯示，這些蜜蜂變異了。牠們已經不再是原來的非洲化蜜蜂，而是又一個新種，像歐洲蜜蜂一樣耐

胡蜂

蜜蜂

圖 1-9 胡蜂和蜜蜂

寒，同時還具有很強的攻擊性……

　　最後，這裡有一個好消息和一個壞消息。好消息是，這種由歐洲蜜蜂和非洲蜜蜂在美洲大陸上雜交出來的「殺人蜂」，目前還無法跨過太平洋入侵，我們似乎無須為此過多擔心。

　　壞消息是，其實被叫作「殺人蜂」的，並不止本文中所提到的這種蜜蜂，甚至也不一定就是蜜蜂。常見的胡蜂，也被稱為「虎頭峰」或「殺人蜂」。牠們不採集花粉，以吃肉為生，不管是在攻擊力上還是在毒液的毒性上，都比蜜蜂可怕得多。

　　據說憑藉著體形優勢，一隻胡蜂 1 分鐘內可以擰下 40 隻蜜蜂的腦袋，5 隻胡蜂就可以連鍋端掉整個蜜蜂蜂巢。胡蜂要螫死一個正常的成年人，只需 5 針，正常人一般只被胡蜂螫上 1 針，就需要到醫院就診。

　　要是有朝一日，「平頭哥」遇上了胡蜂，又會是誰勝誰負呢？

04

放屁蟲
連達爾文都擋不住

用火箭燃料噴射 100℃子彈，為什麼不會受傷？原來，這是一隻無視進化論的蟲子。

噴爆進化論

　　1828 年的一天，青年達爾文來到劍橋附近的一片樹林中。當時他被家人送到劍橋大學學習神學，不出意外，將來會成為一名令人尊敬的牧師。

　　但達爾文並不樂於遵從家裡的安排，他對神學沒有什麼興趣，在劍橋的那幾年他沒有把精力放在學業上，而是在博物學方面花費了大把時間，當時他最大的愛好之一就是收集甲蟲。

　　這天他也是來樹林裡抓甲蟲的。剛剛撥開一塊樹皮，他就發現了兩隻之前沒有見過的甲蟲。於是達爾文左右手各抓了一隻，恰恰這個時候，他又看見了第三隻甲蟲，也是他沒見過的種類！情急之下，達爾文下意識地就把右手裡的甲蟲放到嘴裡含住，抓起了第三隻甲蟲。

　　第三隻甲蟲剛剛到手，隨著一聲清脆的「噗」，他嘴裡的甲蟲像放屁一樣，噴射出一股奇怪的液體，達爾文只感覺一陣鑽心的劇痛，好像自己的舌頭都要被燒壞了。

　　他趕忙狼狽地把甲蟲吐了出來，結果手裡的第三隻甲
蟲也沒抓穩。就這樣，嘴裡的甲蟲和最後發現的第三隻甲
蟲聯手進行了大逃亡。

　　現在看起來這隻從達爾文嘴裡逃出生天的甲蟲，可能
大有來頭。

天賦異稟

　　康乃爾大學昆蟲學與生態學教授湯瑪斯・艾斯納
（Thomas Eisner）並不確定，當年被達爾文塞進嘴裡的到底
是不是放屁蟲，但他覺得大有可能，而且他很希望那就是
一隻放屁蟲，因為他對這種蟲子情有獨鍾。

　　1955 年，還在哈佛大學讀研究生的艾斯納跪在草地
上，搬開石頭，發現了一隻小甲蟲。他用手去抓，結果甲
蟲「噗」的一聲像是放了個屁，將一股煙狀的液體噴到了
艾斯納的手指頭上，艾斯納立刻感覺手指像是被灼燒了一
般。這就是他與放屁蟲的第一次見面。從那以後，艾斯納
就與放屁蟲「槓上了」。

　　艾斯納把抓到的放屁蟲帶回了實驗室，為了方便操
作，他先把牠泡在冰水裡，凍了個半死，才小心翼翼地抓
起蟲子，用樹脂將牠的背黏在一個類似懸臂的裝置上。這
一來，放屁蟲的腿部依然可以自由活動，但身體被固定住
了。艾斯納就這樣對牠進行了一系列的測試。

　　艾斯納首先在放屁蟲身下鋪了一張紙，以吸收噴射出來的液體。他扯一下甲蟲的左腿，蟲子就尾部一歪向左噴一大片液體；他再扯一下甲蟲的右腿，蟲子尾部再一歪，向右噴出一大片液體；他敲一下蟲子尾巴，放屁蟲直接屁股一抬，往後就是一炮；要是按一下蟲子的頭，放屁蟲還能翹起尾巴，越過頭頂，向前來一炮。原來放屁蟲的「炮彈」攻擊可以 270° 全方向覆蓋。

　　經由這樣的實驗，艾斯納還發現放屁蟲體內存放著約 20 發「炮彈」，除非感受到威脅，不然牠不會輕易地打出這些炮彈。因為一旦體內的儲備發射完了，放屁蟲需要花 18 ～ 26 小時才能再次生成足夠多的彈藥。

　　艾斯納後來又做了另一個實驗。他將一隻放屁蟲和一隻樹蛙關在了一起，想讓樹蛙去吃放屁蟲。樹蛙如他所願，伸出舌頭一口吞掉了面前的放屁蟲。然而樹蛙還沒來得及閉上嘴，放屁蟲一炮出擊。樹蛙立刻像是被燙到一般，抖腿搖頭，把放屁蟲吐了出來。

　　艾斯納又換了一隻蟾蜍來「對付」放屁蟲，比起嬌

圖 1-10　被艾斯納抓起來做實驗的放屁蟲

小的樹蛙，蟾蜍算得上是個兇猛的大塊頭了。果然，牠一口就把放屁蟲吞了進去。艾斯納原本以為實驗就這麼結束了，結果過了 40 分鐘，艾斯納突然聽見蟾蜍在怪叫，他跑過去一看，蟾蜍竟然把放屁蟲又吐了出來。蟲子渾身是黏液，但並沒有死，還站了起來。蟾蜍可能也是第一次遇到這樣的情況，被這隻自己剛吐出來的蟲子嚇得東躲西藏……

很多年之後，日本科學家對艾斯納的實驗進行了復原和改進。日本科學家這次用了兩種蟾蜍，一種是日本蟾蜍（*Bufo japonicus*），一種是體形更大、更猛的中華蟾蜍（*Bufo gargarizans*）的某個日本亞種。供蟾蜍吞食的放屁蟲也被分成了兩類：一種是事先處理過，已經排空了體內全部的彈藥的蟲子；另一種是正常的蟲子。

最終的實驗結果如下：

當日本蟾蜍吞食的是正常狀態的放屁蟲時，14 次實驗中，放屁蟲有 8 次在被吞食後又被吐了出來，最快的一隻是在剛剛被吞下 10 秒之後就被蟾蜍吐了出來；當日本蟾蜍

吞食的是無攻擊性的放屁蟲時，14 次實驗中，放屁蟲只有 2 次在被吞食後又被吐了出來。

當中華蟾蜍吞食的是正常狀態的放屁蟲時，23 次實驗中，放屁蟲有 8 次在被吞食後又被吐了出來；當中華蟾蜍吞食的是無攻擊性的放屁蟲時，23 次實驗中，所有放屁蟲都陣亡了，成了蟾蜍的小點心。

這些被吞下去後又被吐出來的放屁蟲平均在蟾蜍的胃中待了 45 分鐘，最長的一隻在被吞下去 107 分鐘後才被吐出來。經統計，被吐出來的放屁蟲中有 93.8％存活了 2 週以上，最從實驗結果中不難看出，確實是放屁蟲的那些「屁」迫使蟾蜍將牠吐了出來。據說那些參與實驗的蟾蜍，明顯都對放屁蟲產生了心理陰影。

放屁蟲確實是一種「天賦異稟」的蟲子。我們都知道，胃中的胃酸是濃度相當高的鹽酸。被泡了 40 多分鐘，放屁蟲的甲殼竟然完好無損，還活蹦亂跳。牠的「屁」裡到底是什麼？又怎麼撐過蟾蜍的胃酸，逼著蟾蜍把自己吐出來的？

人間大炮

德國的化學家赫爾曼・斯基爾克內特（Hermann Schildknecht）的研究組測定了放屁蟲所噴出液體的主要成分：苯醌和甲基苯醌。苯醌是一種具有刺激性氣味的有毒黃色晶體，容易揮發和昇華。

1997 年曾有媒體報導，一個小學生被放屁蟲擊中眼睛，他被送到醫院時，眼睛又紅又腫，還散發著難聞的氣味。經過一番努力，醫生們最終雖然保住了他的眼睛，但他的視力還是受到了嚴重的損傷。

原來，放屁蟲體內有一個「爆炸性」的祕密。牠的腹部末端左右各有一個「儲藏室」，裡面存放著由分泌細胞分泌的過氧化氫（H_2O_2）、對苯二酚〔$C_6H_4(OH)_2$〕和烷烴，和儲藏室一膜之隔的反應室中還有兩種酶──過氧化物酶和過氧化氫酶。

當放屁蟲要「放屁」時，儲藏室中的液體會經由一個「閥門」被擠入反應室，與反應室中的酶混合。在這裡，

過氧化氫會被分解成水和氧氣，氧氣又和對苯二酚作用，生成「屁」的主要成分——苯醌（$C_6H_4(OH)_2$）。

放屁蟲在這裡還有一個小小的心機，在反應室中積累一定的壓力後，牠會經由肌肉控制，關閉儲藏室和反應室中的那個「閥門」，同時打開另一端的開口，讓這些苯醌和反應中剩餘的氧氣在巨大的壓力下，從尾部的流出通道向外噴薄而出，同時依靠尾部的轉動，實現百發百中的目標。

不過，在第一次捕捉放屁蟲的時候，艾斯納就發現，當放屁蟲的「屁」噴射在手上時，會令手部產生一種燒灼感。皮膚、黏膜產生強烈的刺激，但他的手部並沒有傷口，完好的皮膚應該不會這麼快就出現如此明顯的燒灼感。難道除了苯醌之外，放屁蟲的「屁」中，還隱藏著其他絕招？

後來，艾斯納用一個靈敏度極高的溫度計測量了放屁蟲噴出的液體溫度，他驚訝地發現，液體的溫度居然可以接近 100℃，每毫克噴射液含 0.22 卡路里的熱量。這是因為，在放屁蟲體內發生的化學反應會產生大量的熱能。並

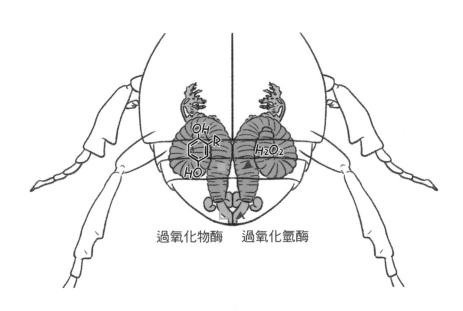

圖 1-11　放屁蟲「放屁」的原理

且，為了避免在噴射高溫苯醌時誤傷自己，牠的整個臀腺系統包裹著角質層、幾丁質、蛋白質及蠟狀物。也正是這身鎧甲，讓牠可以抵抗蟾蜍的胃酸。

放屁蟲的「屁」除了可以進行化學攻擊外，還有著對生物體來說異乎尋常的高溫。當高溫的蒸汽和劇毒的苯醌，一瞬間全都被噴射到捕食者的臉上時，雖然捕食者可能不至於當場喪命，但這隻蟲子絕對會成為捕食者永遠的惡夢。其實也不光是捕食者的惡夢，放屁蟲是一種肉食類的昆蟲，牠們的「大炮」不僅對準了敵人，也對準了獵物。

非洲叢林中有一種會噴射蟻酸的螞蟻，在蟻酸的加持下，牠們所到之處無人可擋，獅子、獵豹、大猩猩都是牠們的手下敗將，就連天空中的烏鴉如果不小心侵入牠們的領地，也會遭遇「魔法群攻」。

但是，這種螞蟻的天敵正是非洲的雙斑步甲（*Anthia thoracica*），這種甲蟲會閒庭信步地來到螞蟻的領地捕食螞蟻。感到威脅後，先鋒兵蟻一擁而上，但放屁蟲幾發炮彈射出，螞蟻就死傷慘重，牠們的蟻酸魔法根本傷不了雙斑

步甲，甚至還有報導稱，雙斑步甲會將這些螞蟻攻擊牠的蟻酸加以貯存別作他用。蟻群失去了先鋒螞蟻的費洛蒙引導，一哄而散，這時，就該輪到放屁蟲大快朵頤了。

從火箭到三味書屋

放屁蟲這一套「大炮」裝置有多狂呢？差不多就是要上天的程度吧。

說起來其實挺神奇的，不知科學家們是不是從放屁蟲身上獲得了靈感，還是僅僅是一個巧合，放屁蟲的這套「人間大炮」，恰巧和小型現代火箭的動力系統結構如出一轍。

放屁蟲的儲存室就相當於火箭的燃料箱，反應室就相當於火箭的燃燒室，尾部的噴口和導流槽則相當於火箭的噴口了，甚至在某種意義上，放屁蟲比火箭要更先進：人家的燃料不需要人工額外添加，自己就可以生成。

不過，說起「能放屁」的蟲子，還有一個故事，魯迅先生在《從百草園到三味書屋》中的一段描述：

……還有斑蝥，倘若用手指按住牠的脊梁，便會拍的一聲，從後竅噴出一陣煙霧。

　　其實不難看出，按照這個描述，魯迅先生在這裡所講的應該並不是斑蝥，而是某種放屁蟲。因為雖然斑蝥在受到威脅時，也會釋放有毒物質以自衛，但牠們是從自己的關節部位分泌帶有劇毒物質斑蝥素的血液（斑蝥素的毒性極強，即使是沒有傷口的完整皮膚，也會因為觸碰到斑蝥素而起水皰，口服 10～60 毫克斑蝥素就可致人死亡），而不是採用這種「放屁」的方式。

　　斑蝥是昆蟲綱鞘翅目芫菁科的甲蟲，而放屁蟲則屬於鞘翅目步行蟲科氣步甲蟲亞族的甲蟲，這兩類甲蟲之間的關係並不算親近。再遇到各種小甲蟲的時候，不要伸手去抓，更不要像達爾文那樣，把不知名的甲蟲放到嘴裡。

　　當年艾斯納一度在做實驗時「走火入魔」，想體驗一下當捕食者的感覺，於是將一隻放屁蟲塞到了自己的嘴裡。而這隻放屁蟲也如他所願地在嘴裡「開了一炮」。

　　要說這個艾斯納也是個奇人，他居然忍住了劇痛，還慢慢品味了一番才吐出了嘴裡的放屁蟲。然而代價也很慘重，除了嘴裡的燒灼傷外，那之後的好幾個星期當中，他只要一張嘴，旁邊的人就想吐：那口臭，太逼人了……

貓奴注意！
喵星人的變乖開關

　　喵星人，性本萌，你知道牠們的萌物開關在後脖頸嗎？為什麼被抓住後脖頸，貓咪就會立刻石化呢？

捉住貓貓的後脖頸

1831 年 12 月的一天，英國的一家酒吧中人聲鼎沸。那是大英帝國水手征服世界的時代，酒吧裡有不少水手，也有很多年輕漂亮的女孩。女孩們對危險而又充滿異域風情的浪漫航海生活十分嚮往。

角落裡，一個 20 來歲的年輕人正在和同桌的女孩聊天。這個年輕人雖然也是個英國人，卻是個生物學家，聊天內容充滿了「理科直男」式的「有趣」。他跟女孩講的也不是航海生活，而是貓。

他說：「你知道嗎？你要是想讓一隻貓變乖，可以抓住牠的後脖頸，把牠拎起來，再左右晃一晃，牠就會馬上變得超級乖……」

這個話題在現代可能會受女孩青睞，但是女孩來到酒吧，是想聽那些水手的故事，她對貓貓沒有絲毫興趣，一時間氣氛非常尷尬。一個威猛的水手趁機把酒杯砸到兩人中間，女孩這才逐笑顏開，年輕人灰溜溜地走出酒吧。

　　這個故事來自達爾文與朋友間的信件，這個尬聊的年輕人正是達爾文本人。據說達爾文隨後就登上了小獵犬號，真的去體驗了一把航海生活，並在這場航行中為後來改變世界的《物種起源》打下了基礎。這些是後話不提，我們還是來看看達爾文和女孩講的關於貓的後脖頸的祕密，他可能是第一個將這個現象正式記錄下來的學者。

　　後來，達爾文還在《物種起源》中提到，貓貓的這一行為可能與緊張性靜止行為（tonic immobility，簡稱 TI）有關，這是一種動物在遇到外界強烈刺激時表現出全身僵直的本能反應，用最簡單的一個詞來解釋，就是「裝死」。

裝死專家

會裝死的動物很多,有些動物在遇到危險的時候,會把裝死當成最後的撒手鐧,真是不成功便成仁。

在巴哈馬的拿索島上,潛水教練尼爾·哈威(Neal Harvey)被當地人稱為「馴鯊大師」,兇猛的鯊魚在他面前像小狗一樣溫馴。甚至,和哈威一起出海擼鯊魚在當地已經成了一個合法的旅遊行程。

他控制鯊魚的技巧之一就是用金屬手套撫摸鯊魚。鯊魚的頭部和眼睛附近有一系列小孔,這是一種叫作勞倫氏壺腹的結構,是義大利解剖學家勞倫茲尼發現的。這是一種能感受電場的特殊器官,很多鯊魚正是依賴它,才能在微弱的光線下捕食或是找到埋在海底的食物。

哈威發現,如果戴上金屬手套撫摸鯊魚長有勞倫氏壺腹部位的皮膚,就能干擾鯊魚的感知,讓牠進入一種平靜的狀態。當然,觸摸的手法是哈威經過無數次試錯,用血淋淋的教訓歸納出來的,完全是憑感覺的危險動作,並不

是人人都能掌握。

如果鯊魚的個頭比較小，哈威還有另一個手段讓鯊魚乖乖進入裝死狀態。手法聽起來很簡單：像端起一杆槍一樣，左右手分別抓住鯊魚的背鰭和尾鰭，幫鯊魚翻身。一旦肚皮朝上，鯊魚就會變得非常溫馴。

自然界有一位天然的裝死大師——負鼠，這是一種生活在北美洲的、像老鼠但不是老鼠的神奇生物，大小和小型犬類相仿。

負鼠是一種有袋類動物，和袋鼠差不多。在繁殖的時候，負鼠會每天把幼崽帶在身上到處逛，這也正是牠名字的由來。負鼠能生存至今，最重要的防禦武器就是裝死。

北美的捕食者喜歡新鮮的食物，對已經死掉的獵物食慾缺缺。負鼠正是看準了這一點，在遇到敵人的時候，會先試圖迷惑敵人，用和老鼠一樣的策略，左躲右藏，假裝逃跑。如果捕食者馬上要追到牠了，牠會突然開啟「裝死模式」。

負鼠把裝死神功練到了爐火純青，堪稱裝死界的大

圖 1-12　幫鯊魚翻身

師。不只會直挺挺地倒下去，還演足了瞳孔渙散、伸出舌頭、渾身抽搐、口吐白沫的全套戲碼，就連體溫也會跟著下降，再加上滿臉猙獰的痛苦表情，正常的捕食者會立刻喪失食慾。

如果倒楣碰到餓瘋了的捕食者，不打算放棄這個看起來像是中毒死掉的傢伙，負鼠就會啟動 B 計畫：放出一股極臭的屁，是那種比鯡魚罐頭還難以招架的腐臭味。到了這裡，只要捕食者還有理智，都會覺得把這傢伙吃下去一定會中毒，然後放棄捕食。

等捕食者離開，負鼠會很快從裝死狀態中恢復，裝作無事發生一樣，抖抖身上的土，繼續悠閒地溜達。

其實很多動物身上都有一個「裝死開關」。不過，與負鼠這樣目的明確的「裝死求生」不同，這個「開關」存在的意義不明，但只要滿足某些觸發條件，就會被強行觸發。

比如，如果將雞頭按在地上，並從雞的嘴尖向前延伸畫出一條線，或者放上一根棍子，雞很快就會進入一種癱

軟的狀態，一動不動，連羽毛都會鬆懈下來。這個時候就算是把雞拎起來，牠也會在很長一段時間中都保持這種狀態，並且這招對其他很多鳥類也管用。

據一些科學家推測，這可能是因為直線或棒子會誘導鳥類聚集目光，將視線集於一點，這使牠們感到某種來自祖先的深度恐懼，然後進入裝死狀態。但產生這種行為的具體原因，目前科學家還沒有研究清楚。

再比如，鱷魚被強行翻身以後，也會進入裝死狀態。還有蛙類，如果突然被強光照射，很多蛙類會立刻進入裝死狀態。

那麼，我們最開始所說的，貓被抓住後脖頸會石化，也是因為那是一個裝死開關嗎？這個問題有點複雜，達爾文當年也不太明白，只是提出了模糊的推測。

直到 2008 年，美國俄亥俄州立大學的獸醫學教授托尼‧布芬頓（Tony Buffington）為我們揭開了謎底。

石化的貓咪

如果我們想要驗證「掐住貓的後脖頸，貓就會乖乖石化」這件事，我們會試著掐掐自己養的貓，頂多再去掐掐朋友家養的貓。

但科學家找來了 31 隻喵星人，為牠們分組進行實驗，分析實驗資料，再進一步找出原因。布芬頓就是這樣的科學家。

布芬頓認為，如果夾住後脖頸是「裝死開關」，那麼年齡、性別對喵星人這種反應的影響應該不大；相反，如果反應與年齡、性別有相關性，那麼這大概就不是裝死開關。在他找來的 31 隻貓中，有 13 隻貓年齡在 5 歲以內，包括 5 隻雄性，8 隻雌性；還有 18 隻貓年齡介於 5 ～ 10 歲，包括 11 隻雄性和 7 隻雌性。布芬頓用壓力同樣為 140 毫米汞柱的夾子夾住牠們的後脖頸，觀察這些貓的反應。

實驗結果顯示，第一組的 13 隻貓中 12 隻有反應；第二組的所有貓都有反應。看起來，這的確是個與性別、年

齡無關的「裝死開關」。然而，布芬頓發現，這些貓被夾起來以後，儘管會出現軀體靜止、脊柱捲曲拱起、尾巴夾在兩腿之間等舉動，但並沒有出現瞳孔渙散、體溫下降、心跳減慢等典型的裝死行為，有些貓甚至還會發出很享受的呼嚕聲。也就是說，這些貓產生的很可能並不是所謂的緊張性靜止行為，而是一種掐捏誘導的行為抑制（pinch-induced behavioral inhibition，簡稱 IBI）。

一個月之後，布芬頓用這 31 隻貓重複進行了實驗。他發現，隨著時間推移，年齡比較大的貓對夾子的反應會變弱。到了第三個月重複實驗的時候，只有大約三分之二的貓還會對夾子有明顯反應，主要是年齡偏小的貓。

最後，布芬頓得出結論，貓被掐住後脖頸的行為是一種緊迫反應，來自進化，可能與母貓搬運小貓有關。

在進化過程中，那些被媽媽咬住後脖頸時還瘋狂亂動的小貓很容易被摔死，自然選擇讓那些擁有「媽媽咬住後脖頸就要變乖」基因記憶的小貓存活了下來。我們可以想像這樣的場景：在野外，帶著小貓的貓媽媽突然遭遇捕食

圖 1-13　貓媽媽叼住小貓的後脖頸

者的**襲擊**，準備一口叨起自己的寶寶撒腿就跑，這時亂動亂叫的小貓就很難存活下來。也就導致了現存的所有貓科動物的基因中都寫了這樣一條紀律：被抓住後脖頸，就要老實點。甚至不管你是貓、獅子，還是老虎。

布芬頓在實驗中還發現了一個現象：基本上每隻貓，不管年齡、性別，在第一次被夾住後脖頸時，都會產生行為抑制的反應。但隨著頻繁被夾，年齡較大的貓的反應會慢慢減弱。

這也正符合「小貓基因記憶更強，更需要有強烈反應」的邏輯。更進一步，布芬頓還從狐狸、浣熊、老鼠等動物身上找到了支持這個理論的依據。

後來，布芬頓教授根據這個理論，設計了一款「Clipnosis」的擼貓神器，賣得相當好。Clipnosis 這個詞來自 clip+hypnosis，正是「夾子」+「催眠」的意思。

當然，大家在家完全可以用文件長尾夾或者晾衣服的夾子來嘗試這種「擼貓黑科技」。但夾子的力度一定要掌握好，如果壓力太大了，貓疼，你也要做好被貓爪神功襲擊的準備。

變乖的嬰兒

其實，很多不會抱住幼崽移動的哺乳動物都會有這種反應。

2013 年，日本理研腦科學研究所的神經生物學家黑田公美做了一個更有說服力的實驗，這次的實驗對象是老鼠。她把出生不久的幼鼠從母鼠身邊帶走，再讓牠們的母親來「拯救」這些幼崽。當母親咬住幼崽的後脖頸時，幼崽的心率會降低、停止嗚叫，同時身體緊縮起來。然後，黑田又對幼鼠的後脖頸進行了麻醉，讓牠無法感受到「被媽媽叼起來了」，這時母鼠再咬住牠的後脖頸時，所有因「被叼起」而產生的鎮定作用都減弱了。

為了進一步驗證大腦在這一行為中所起到的作用，黑田幫幼鼠動了手術，在對牠們的大腦進行部分阻斷後，再次讓母鼠移動幼崽。實驗結果顯示，幼鼠被叼起後產生的行為與小腦皮質相關，被切掉小腦的幼鼠，在被叼起後儘管也會進入鎮定狀態，但是身體並不會緊縮起來。

也就是說，感受到後脖頸被叼起，使幼鼠鎮定；小腦接到訊號，使幼鼠的身體蜷縮。幼鼠心跳的減弱和身體姿勢上的改變是由副交感神經以及小腦協同實現的。一切都是為了方便母鼠將幼崽叼起來，進行安全、高效的轉移。

那在能夠把幼崽抱在懷裡的哺乳動物，比如人類身上，是否也存在類似的機制呢？

很多帶過孩子的人應該對此深有體會：要哄哭鬧的嬰兒，最有效的方法是抱著嬰兒來回走動，而不能只是抱著他坐在原地。這是不是也跟貓媽或鼠媽叼起小崽子的後脖頸有著相似的原因？為了驗證這個說法，黑田公美做了另一個實驗。

實驗人員將感測器固定在不滿 6 個月的嬰兒身上，經由儀器收集嬰兒在哭泣和被母親抱起時的生理指標。實驗資料顯示，如果母親只是單純抱起正在哭鬧的嬰兒，嬰兒並不會停止哭鬧，也不會進入放鬆狀態；只有在被抱起並開始走動時，嬰兒才會停止哭鬧，同時減少四肢的動作，甚至心率也會放緩。

　　科學家對此做出的解釋是，抱著嬰兒走動的過程，會讓嬰兒本能地判斷，現在遇到危險了，媽媽正在抱著他逃跑，所以一定要乖乖的，這樣才能保住自己的小命。

　　甚至這種本能反射，在成年人，甚至老人身上仍有殘留，與被搬運的貓咪和老鼠有著異曲同工之妙。

　　雖然我不建議你去咬貓主子的後脖頸（畢竟我們可以用夾子解決問題），但也許下次當你和你的另一半吵架的時候，可以試試這招，想辦法抱住他的頭，再輕輕地晃一晃，沒準他也會立刻變乖。畢竟，這可是來自本能的命令。

06

大自然的炸彈
如何正確處理鯨的屍體？

當鯨魚在海洋中死去，屍體會沉入海底。生物學家賦
予這個過程一個名字——鯨落（Whale Fall）。

一鯨落，萬物生

提起鯨落，你可能會想到這樣的畫面：

幽暗的深海，一隻龐然巨物走到了生命的盡頭，緩緩沉下。圍繞著落下的巨鯨，一個持續百年的系統開始緩緩運作，在這裡，一個生命的死亡不是結束，而是更多生命的開始……

如果不去想像鯊魚盲鰻們撕扯著血肉橫飛的脂肪和內臟，各類食腐動物緊隨其後大快朵頤，大王具足蟲等機會主義者啃噬著骨邊最後的碎肉，還有食骨蠕蟲和共生細菌榨取著鯨骨中的油脂，以及最後厭氧細菌們分解掉鯨骨的最後一滴油，釋放出臭雞蛋味的硫化氫氣體……「一鯨落，萬物生」的確是個十分浪漫的場面。

然而，並非所有鯨魚都能有這樣一個「浪漫」的結局，正所謂，鯨固有一死，或滋養萬物，或特別勁爆？

圖 1-14 「一鯨落,萬物生」

鯨式襲擊

其實有很多鯨魚在死後根本沒機會沉入海底，比如那些擱淺在海岸上的鯨。生活在內陸的人，甚至包括一些生活在海邊的人可能都不知道，鯨擱淺後死在沙灘上，是一件非常危險的事情。

不少台南市民可能都對十幾年前那場突如其來的「襲擊」有著刻骨銘心的記憶。

2004 年 1 月 24 日，大年初三，一頭抹香鯨在雲林外海的牡蠣養殖場擱淺。考慮到擱淺鯨魚的潛在危險，相關單位立即組織平板卡車、起重機和 50 多名工作人員前往處理。

當時負責指揮這項行動的是成功大學的王建平教授，最初在打算將這頭抹香鯨拉回成功大學。在看到這頭鯨後，王教授初步判斷這是個 20 噸重的龐然大物，於是呼叫了 2 輛 40 噸的起重機前來支援。沒想到這兩輛中噸位的吊車根本拉不動這頭鯨，於是只好又換來了一輛 120 噸的起重機。大吊車前前後後奮戰了 13 個小時，終於把這頭鯨魚

吊裝上岸，這時大家才搞清楚了牠的實際重量：55 噸，比王教授估計的足足翻了一倍還多。

打撈、吊起鯨魚的過程為當地居民們帶來了極多的歡笑，當時正值春節假期，現場的熱鬧的程度堪比廟會：據說雲林當地有 600 多人聚集到了現場，他們忍著低溫和寒風，只為滿足好奇心，看一看鯨魚的樣子。

這些看熱鬧不嫌鯨魚大的當地群眾顯然不太清楚「鯨爆」的威脅，聚集的人群甚至吸引來了攤販擺攤，出售花生、瓜子。但王教授清楚，離開了冰冷的海水，這個大傢伙已經變成了一個不知何時就會爆炸的炸彈。

就在統籌轉運工作刻不容緩的關頭，又出現了一個問題：

因為一開始對鯨的體量預估有誤，原本預定好的平板卡車根本裝不下這個 17 公尺長的大傢伙，工作人員只好又緊急聯繫了一輛 100 噸的超級平板卡車前來支援。當 100 噸平板卡車趕到現場時，已經是 25 日夜晚了，離抹香鯨離開海水已超過 24 小時。

　　時間不等人，王教授決定在 26 日凌晨開始轉運。凌晨
3 點，抹香鯨上路，王教授本來可以鬆一口氣，結果又傳來
了壞消息：原本打算接收鯨屍的成功大學反悔了，他們告
訴王教授，學校裡沒有這麼大的解剖場所，還是不要把牠
拉回學校了。將近 3 小時後，王教授終於聯繫到了新的接
收場所：台南四草野生動物保護區。但是要去那裡，必須
穿過台南市市區。此刻王教授實在沒有什麼別的選擇，再
加上鯨魚在離開海水後，已經在 10℃ 左右的氣溫中暴露了
超過 24 小時。

　　早上 6 點，載著巨鯨的平板卡車行駛到了繁華的西門
路小北夜市時，壯觀的一幕發生了：這隻 55 噸的大鯨魚不
早不晚，就這麼恰好在鬧區，讓還在想著初五吃什麼的台
南市市民們體驗了什麼叫「鯨爆」。

　　這可能是第一頭有機會在鬧區「鯨爆」的鯨。當時的
場面極為壯觀：數噸重的油脂和稀爛的鯨魚內臟混雜著血
液，在 1 ／ 3 秒內被加速到 70 公里／時，混合著數個大氣
壓的惡臭氣體，將各種不明物質，拋上了看板，砸向了小吃
攤，撒滿了大馬路……滿街的商鋪、車輛被染得鮮紅一片。

鯨魚炸彈怎麼煉成的

據說這股氣味給當地居民帶來了不可磨滅的心理陰影。後來，一位當事人這樣形容他的經歷：臭到差點往生……

經歷了這場惡臭爆炸的人大概都在問著同樣的問題：好好的鯨，怎麼說炸就炸了？關於鯨爆的原因，大概有這兩點。

首先，鯨魚擱淺死亡後，身體內的器官和組織開始腐敗，消化道裡的微生物擴散進入腹部。微生物會加速屍體的分解，並產生大量的甲烷等氣體；同時，在溫暖（離開海水擱淺在海岸）且營養豐富（鯨屍中有著極為豐富的蛋白質和脂肪）的環境中，微生物以幾何級數瘋速增長，從而以更快的速度產生出更多的氣體。

如果沒有出口，這些氣體就會在屍體的胸腔、腹腔內聚集，慢慢地把屍體像氣球一樣吹起來。這其實和法醫中所說的「巨人觀」是一回事。

其次，鯨魚有著抗壓性超強的皮膚和肌肉，正是這樣的結構使得鯨魚能承受巨大的壓力，輕鬆潛入深海。然而這種抗壓是雙向的，鯨魚的皮膚和肌肉既可以承受住來自外界的壓力，同樣也可以承受來自內部的巨大壓力。

對動輒可以下潛到 2000 ～ 3000 公尺深海的抹香鯨來說，牠的抗壓性即便在鯨魚中，也是首屈一指的。

因此，你可以把擱淺在沙灘上的鯨魚想像成一個巨大的氣球：一方面，這個氣球有著極為堅韌厚實的外皮；另一方面，這個氣球又在以愈來愈快的速度被充氣。在集合這兩個原因之後，「鯨魚氣球」愈充愈鼓，裡面積累的壓力也愈來愈大，而且外皮愈是結實，累積的壓力就愈大。

然而，不管是什麼材質，終究都會有繃不住的那一剎那……於是就出現鯨腸與脂肪齊飛，滿街共腐肉一味了。可能是因為「市區鯨爆」的戲劇性，世界各地的許多科學家都對這次「台南鯨爆事件」進行了調查。經過研究，科學家為我們重現了這頭可憐的抹香鯨死前的最後時光。

事故最開始發生在雲林外海，這頭抹香鯨和每天一

樣逛吃逛吃的時候，不巧進入了一條繁忙的航道，被一條經過的郵輪狠狠撞到了後背。抹香鯨在進食和睡覺時幾乎不使用視覺，主要靠聽覺獲取外界資訊。但如果抹香鯨正好在郵輪的正前方，牠很難及時捕捉到郵輪產生的聲波，可以說，這頭抹香鯨被撞的場面，有點像我們迷迷糊糊吃著飯時走到了大馬路中間，被一輛疾駛而來的車撞了個正著。

這頭抹香鯨並沒有當場被撞死，但是後來在牠背部發現的大片淤血證明，牠應該被撞出了嚴重的內傷。受傷的抹香鯨的聲呐定位系統可能不那麼靈敏或者乾脆失靈了，在大海中迷失方向是很危險的。牠忍受著巨大的痛苦，慌不擇路地游向了海岸，擱淺在了岸邊的淺水之中。

擱淺對鯨類來說，往往是致命的。雖然身為哺乳動物，鯨和我們一樣用肺呼吸，但是乾燥的空氣同樣會對牠們的皮膚造成傷害。另外，離開了水的浮力，在陸地上重力的作用下，牠們甚至可能會被自己的體重壓死。最終，這頭抹香鯨痛苦地死在了雲林外海，又炸在了台南鬧區。

人工爆破

在 50 多年前，美國俄勒岡州也曾經遇到過一頭擱淺的抹香鯨，當時的處理方式在現在看來，可謂是十分「大膽」。

1970 年 11 月，一頭 8 噸的抹香鯨擱淺在美國俄勒岡州的海岸上，人們發現牠時，牠已經死了，正散發出惡臭的氣味。

當時海灘被算作交通部的管轄範圍，因此處理鯨屍的任務也就落在了當地公路部門的頭上。公路部門的官員們大概也沒有什麼處理鯨魚屍體的經驗，絞盡腦汁，決定還是依靠自己開山炸路的老本行解決問題，給出了一個非常「以爆治爆」的方針：在鯨自己爆炸之前，我們先下手為強炸了牠！

想出這個主意的是一名叫喬治・桑頓（George Thornton）的助理工程師。可能是因為他給出的理由乍聽好像很有道理：反正鯨屍遲早會被海鳥、螃蟹之類的吃乾淨，那我們

圖 1-15　「人工鯨爆」

不如直接把鯨屍炸成小塊，方便牠們更快吃乾淨；也可能是因為公路管理局並不想自己動手捅開已經脹氣的大臭球放氣，還要想辦法把已經腐爛的惡臭屍體搬運到人跡罕至的地方挖坑埋了。總之，公路管理局批准了這個計畫。

在準備炸藥的那幾天裡，數以千計的民眾來到海岸圍觀。當地媒體全程跟拍了準備過程，還在爆破當天準備了現場直播。

其實桑頓的爆破計畫原本設想得十分美好：在鯨魚更靠陸地的那一側埋下炸藥，在引爆後，就可以讓炸出的鯨魚碎片直接飛入大海餵鳥餵魚，不用人動手清理，海灘也會很快恢復往日的清爽與安寧。

11 月 12 日，半噸炸藥被布置妥當。幾百公尺開外，看熱鬧的群眾和攝影機一起盯準了鯨魚。一聲巨響，血肉橫飛，但硝煙還沒有散去，圍觀群眾就感到了情況的不對勁。

爆炸規模遠比計畫中大得多，據說炸起的屍塊最高飛到了 30 公尺的高空，也就是 10 層樓那麼高，落下來的時候將附近停著的汽車砸了個稀爛；天上下起了腐爛的脂肪

雨，現場所有人都在四處逃竄，他們聞不到硝煙味，因為全是腐敗脂肪的惡臭。

萬幸，沒有人在肉體層面上受到傷害。但是，就像當時在現場負責實況轉播的主持人保羅‧林曼在後來接受採訪時所說：「時隔 40 年，我腦子裡還能想起來當時現場的那股味……」

故事還沒有結束，硝煙散去後，大家十分崩潰地發現，海灘上仍舊躺著巨大的鯨屍，原來，半噸炸藥只是幫牠減脂。也就是說，這次人工鯨爆，不但造成了沒有預計到的損失，而且沒有完成最基本的任務，甚至還製造出了一個比原來還要噁心很多倍、根本沒人願意收拾的現場。

這次「人工鯨爆」失敗主因是為為公路局的工程師們並不瞭解鯨爆的發生原因，炸藥被引爆後，鯨屍中微生物分解出的大量甲烷形成了二次爆炸，影響了工程師們理想中的結果。

那麼，如果讓專業的人，來做專業的事，是不是就能獲得完美的結果呢？

另一種「重生」

2014 年，加拿大紐芬蘭的鱒魚河鎮的海灘上出現了一具藍鯨屍體。這頭藍鯨足足有 25 公尺長，重達 60 噸，遠遠超過了這個以旅遊業為主的小鎮的處理能力。在微生物和時間的作用下，這頭藍鯨的頭部逐漸鼓成了一個 4 公尺高的氣球。漏出來的那一絲氣體，已經足以讓整個小鎮聞起來就像一個常年沒有人打掃的海鮮市場。

危在旦夕之時，來自皇家安大略博物館（Royal Ontario Museum）的科學家前來解圍。他們帶來的解決方案是將這頭藍鯨做成標本。

科學家們先是從尾部抽出數噸的鯨魚油脂，然後慢慢地釋放出鯨魚頭部的氣體，再用拖船將藍鯨拖到了事先準備好的場所。忍受著極度惡臭，將鯨魚剖開，去除腐肉和內臟，為每一塊骨頭編號。然後他們將所有的鯨魚骨頭裝到三個集裝箱中，用堆肥掩埋，等待進一步分解所有的有機組織。三年後，骨骼被挖出，經由科學家們精確地拼

裝，還原成生前的結構。從某種意義上講，在皇家安大略博物館中，這頭藍鯨獲得了「重生」。

順帶一提，其實台南那頭在鬧區「鯨爆」的抹香鯨，後來也被製作成了標本，現在正靜靜地生活在台南市的博物館中。

全球每年至少有 2,000 起鯨類的擱淺事件發生。能安然無恙回到海洋的鯨魚比例並不高，也並不是每一頭死亡的鯨都會被做成標本。為了防止鯨爆傷人，鯨屍基本上都會按照「排氣—轉移—掩埋」的流程來處理。有時，為了減少動物的痛苦以及防止可能的鯨爆，還會對沒有救治可能的鯨類實施安樂死。

令人遺憾的是，這些鯨中有極大比例是因為人類活動的干擾才會擱淺的。就以擱淺在雲林外海的那頭抹香鯨為例，牠正是因為被郵輪撞擊，失去辨別方向的能力，才會有後面擱淺、死亡等一系列事件發生。經過研究，科學家還發現，幾乎所有擱淺的鯨類，胃中都有大量尼龍漁網或者塑膠垃圾。雖然還沒有直接的證據顯示這些無法消化的塑膠是導致鯨類擱淺的元兇，但可以肯定的是，這對鯨的

健康造成了嚴重的影響。人類的活動已經明顯讓鯨感到了
生存的壓力。事實上，人類的活動已經讓很多種鯨都成為
瀕危物種，比如座頭鯨、長鬚鯨等等，20 世紀初還為數眾
多的抹香鯨和藍鯨的種群也正不可避免地極速下降。愈來
愈多的鯨因為非法捕獵、船隻撞擊、漁具纏繞和誤食垃圾
等與人類直接或間接相關的原因而死去。

如此說來，其實我們更應該討論的並不是如何處理鯨
的屍體，而是如何留住牠們美好、鮮活的生命。

Part 2

人類的機智地球生活

神祕古人類
來自猩猩的你

矮人、巨人、地精、神族……到底是文學創作還是來自遠古人類的潛意識呢？

人是猴子變的嗎？

你可能見過類似這樣的圖片，這張圖經常和達爾文的進化論一起出現，讓我們誤以為是某種古老的猩猩或猴子進化成了人類：從「猩猩」進化成了「類人生物」，「匠人」進化成了「直立人」，「直立人」進化成了「尼安德塔人」，「尼安德塔人」又進化成了我們現在的樣子。但事實上，這張圖並不是這個意思。

圖中不同的物種之間可能並不一定存在著誰是誰祖宗的關係。從大約 200 萬年前，我們的老祖宗南方古猿出現，到大約 1 萬年前為止，地球上存在過十幾種不同的「人」，甚至還同時存在過幾種「人」。這些不同的「人」中，有我們的祖先，也有我們的表親，但是只有位於最右的我們——智人，如今仍然存活在世上，其餘的那些兄弟都早已滅絕。

「人是猴子變的」是很多人對進化論的誤解，達爾文從來都沒有這樣說過，這句話其實源自教會反對進化論而

圖 2-1　人和人的「親戚們」

提出的一個論點，主要是為了對進化論的觀點進行嘲諷：
難道你爺爺是猴子嗎？

我們確實與現在地球上的猩猩猴子們擁有共同的祖
先，但這個祖先已消逝在漫漫的進化長河之中。達爾文曾
在《物種起源》中寫下過這樣一句話：「同一綱中的所有
生物的親緣關係，有時可以用一株大樹來表示。「現存的
猩猩猴子們，與我們就像是兩根不同分枝上的樹枝，早就
在進化路徑上分道揚鑣了多年，各自進化成如今的樣子，
而且沒有交融的可能。

擔心《猩球崛起》的故事變為現實？大可不必。

追族溯源

　　1927 至 1929 年間，考古學家在北京西南方向的周口店發現了「北京人」。根據《辭海》，北京人生活在距今約 70 萬年～ 23 萬年前。

　　1965 年，考古學家又在雲南元謀上那蚌村附近，發現了兩顆類人生物的門齒，依地名將其命名為「元謀人」。元謀人生活在距今 170 萬年左右，屬於舊石器時代早期的古人類。

　　那我們是由北京人和元謀人變來的嗎？「北京人」曾經被認為是中國人的老祖宗，但實際上北京人和元謀人在物種上屬於直立人，學名 *Homo erectus*，而現代人類在物種上屬于智人，學名 *Homo sapiens*。也就是說，雖然我們與北京人、元謀人同屬於靈長目人科人屬，但是只能勉強算是表親，在進化上是走入了不同的分支的兩個物種。

　　用來表示人類進化的圖，要比之前那幅圖複雜許多。請一定記住，其實我們很難界定「第一個人」是何時出現

的,在某種意義上來說,我們連「第一群人」是何時出現的都無法判斷:進化是一個以種群為單位的、漸進的過程,而物種是我們設立的一個個節點,我們沒有辦法在一個連續的過程中準確地判斷「人」這個節點的位置,只能大概估算一個時間範圍。

我們如今所進行的「分類」,都是站在現今的視角上,對於已發生的演化留下的證據和現存的物種進行的分類,應該說是一種關於進化過程的「事後諸葛」般的總結,而絕不是物種在演化時,選擇了某一個特定的方向。

那接下來,我們就踏入時間的長河,看看「人」是從何而來的吧!

「露西」和「夏娃」

約在 3,000 萬年前，地球上出現了人猿總科，我們和其他猿類共同的老老老老老祖宗從此與猴子們踏上了不同的道路。又過了 1,000 多萬年，那些在樹梢中討生活的表祖宗逐漸演化成了如今的長臂猿，而我們的老老老祖宗，儘管還距離我們現在的樣子甚遠，但終於開始沾上了「人」字，在分類上進入了「人科」的範圍。

然而從人科到「人」還有著漫漫長路，1,600 萬年前，我們的老老老祖宗和紅毛猩猩的老老老祖宗形成了兩條不同的分支；又過了 600 萬年到 800 萬年，大猩猩的祖先進入了另一個車道。

至此，我們的老祖宗「人」的成分進一步增加，終於在分類上進入了「人族」。500 萬年前，我們的老祖宗與黑猩猩的祖先終於分離，開啟了屬於「現代人」的傳奇。

1974 年 11 月 24 日，美國古人類學家唐納德‧喬納森（Donald Johanson）和他的同事在衣索比亞的阿瓦什河谷

進行調查時，發現了一根暴露在沙土表面的人骨殘段。經過搜尋，他們又在周圍發現了其他骨骼碎片，還包括一塊下頜骨碎片。最終，他們花了三週時間搜尋到了 100 多件骨骼標本，在進行分析研究之後，他們得出結論，這些骨骼屬於同一個個體，他們給予了這個個體一個編號「AL288-1」。

這是一個足以震驚古人類學界的發現，喬納森和同事們為此在營地舉辦了慶祝晚宴。在晚宴的背景音樂，披頭四〈Lucy in the sky with diamonds〉的歌聲中，他們又為「AL288-1」取了一個更為大家所熟知的名字——露西。

經過進一步的研究，喬納森披露了更多關於露西的細節：

露西是生活在 320 萬年前，20 歲左右的女性南方古猿，屬於南方古猿阿爾法種（*Australopithecus afarensis*）。她的腦容量不大，只有現代人類的 1/3 到 1/2。但是她已經出現了與黑猩猩明顯不同的特徵：露西已經習慣直立行走了。直立行走，一直被看作「猿向人類進化」過程中的重大事件。也正因此，露西所屬的南方古猿阿爾法種以前

圖 2-2　南方古猿「露西」

經常被稱為人屬物種的祖先，也就是我們現代人智人的祖先。

　　不過基於化石證據進行的古人類研究經常會因為新發現的化石而顛覆。2011 年 5 月，美國克里夫蘭大學的古人類學教授約翰尼斯・海爾—塞拉西（Yohannes Haile-Selassie）在南方古猿阿爾法的分布區又發現了一個生活在距今 330 萬年到 350 萬年的南方古猿近親種（Australopithecus deyiremeda）。這個新種類的原始人挑戰了「露西是人類的祖先」以及「在這個時期這個區域僅有一種人」的觀點。

　　這樣一來，曾被稱為「人類的非洲老祖母」的露西可能要地位不保，不過科學家為我們找來的那位「共同的母親」——「線粒體夏娃」的證據倒是愈發明確了。

　　每個人的細胞中都有來自母親和父親的 46 條 DNA。除此之外，我們的線粒體中還攜帶著線粒體 DNA，線粒體是為細胞提供能量的細胞器。與父母雙方各提供 23 條染色體不同，精子中沒有線粒體，因此受精卵中的線粒體全部來自卵細胞的細胞質，也就是線粒體 DNA 全部是由媽媽傳給孩子的。

媽媽生了女兒，女兒再生孩子的時候，會繼續將母親的線粒體 DNA 傳遞下去；但是如果某位女性的所有後代都是男孩，因為男性不能傳遞線粒體 DNA，她的線粒體 DNA 就丟失了。

1987 年美國加州大學的瑞貝卡‧卡恩（Rebecca Cann）和艾倫‧威爾遜（Allan Wilson）帶領研究小組做了全球性的實驗。他們提取了不同人種 148 個胎盤中的線粒體 DNA，並對其進行研究。結果顯示，這些線粒體 DNA 有高度的相似性。經由計算，他們得出了一個令人震驚的結論：現代人類應該有一位共同的母親，她是生活在約 15 萬年至 20 萬年前的一位非洲女性。對此進行報導的記者羅傑‧勒溫（Roger Lewin）為這位「共同的母親」取了個眾所皆知的名字——「線粒體夏娃」。

其實「夏娃」這個稱謂並不準確，「她」應該不是一個人，而是這個遺傳位點的共同祖先。牛津大學的人類遺傳學教授布萊恩‧賽克斯（Bryan Sykes）是世界上第一個證明可以從古人類的遺骸中提取 DNA 的學者。1999 年，他帶領小組，在研究分析了 6,000 多份歐洲人的線粒體 DNA

後，將他們分類歸屬於七個「母系氏族」，也就是七個「夏娃」。

她們是所有歐洲人的先祖，每個歐洲人的 DNA 都可以追溯到這七位「夏娃」的身上。他為她們取了名字，並根據考古學、地質學等知識，構築出了她們的生活，寫出了一本像小說一樣的科普書《夏娃和她的七個女兒》。

我中有你

　　達爾文曾用「樹」來描述物種間的關係，不過這個隱喻在描述不同現代人群之間的關係時，就沒有那麼準確了。一直到 4 萬年前，世界上還生活著很多古老的人類，儘管和現代人在外形上不太一樣，但他們同樣直立行走，並具備許多現代人的能力。其中和我們關係最緊密的，當數尼安德塔人。

　　時間倒回到 1856 年，一群礦工在德國科隆市北部的尼安德塔（Neandertal）山谷中發現了一些神祕的人類骨骸。他們眉骨突出、前額傾斜，手骨、腿骨非常粗壯，就連指骨都很特別。

　　那時進化論剛剛興起，人們還沒有古人類的概念，於是圍繞著這些骸骨發生了爭論：這到底是一個畸形的現代人，還是我們的祖先？最後，科學家認定這是一種古人類，並將其命名為尼安德塔人（Neanderthal），事實上，這也是第一種被科學認可的古老型人類。

後來，人們發現了愈來愈多的尼安德塔人骸骨，研究顯示，他們的祖先與現代人在大約 77 萬年至 55 萬年前分離。在大約 40 萬年前，尼安德塔人的祖先離開了非洲大陸，來到了歐洲。雖然他們的外貌和我們有著不小的差異，但科學家認為，他們在行為上可能與和他們同時代的現代人非常類似，已經有了高超的石器製造技術，並擁有複雜的認知能力，甚至還具備了使用某種符號表達的能力。

很多科學證據都顯示，現代人曾經與尼安德塔人相遇，但他們與現代人是否發生過混血呢？這個問題要先對尼安德特人和現代人的 DNA 定序，進行比較再回答。

一開始，科學家們在嘗試提取尼安德塔人的古 DNA 時吃盡了苦頭，他們發現很難避免現代人的 DNA 對標本造成的汙染。科學家試著改良了 DNA 收集和提取的環境和條件（包括用紫外線照射一切容器，研究人員要穿連身隔離服，甚至使用有空氣過濾裝置的負壓房間等），終於在出土於文迪亞洞穴的尼安德塔人的樣本中，得到了保存相對

完好的 DNA。

　　經過對比，科學家們發現在 5.4 萬年到 4.9 萬年前，尼安德塔人確實與當今非洲人以外的現代人發生了混血。當今非洲人以外的基因中，有 1.5％～ 2.1％源自尼安德塔人。

　　有趣的是，儘管尼安德塔人的老家在歐洲，東亞人中尼安德塔人基因的占比反而還要高於歐洲人。關於尼安德塔人滅絕的原因，眾說紛紜，至今沒有定論。

　　可以說，我們身上也流著尼安德塔人、丹尼索瓦人等與我們的祖先同時代生活過、混血過的古老人類的血液。但也有一些和現代人共同生存過很長一段時間的「人類」，現在看起來就像是……一個傳說。

圖 2-3　尼安德塔人

哈比人傳說

　　比如，在印尼南部，一直流傳著這樣的傳說：叢林裡有一些神祕的矮人，他們看上去和正常人一樣，但只有正常人一半高。這些矮人走起路來左歪右斜。他們貪吃、殘忍，但又看上去楚楚可憐，總是嘟囔著少女一樣的軟語。但千萬別被他們的樣子欺騙，他們被稱為「Ebu gogo」，意思是「什麼都吃的姥姥」。

　　科學家們一直想找出這個傳說的來源，最初，他們認為這個「Ebu gogo」的原型可能是某種獼猴。直到 2004 年，他們在一個叫作弗洛瑞斯的小島上獲得驚人的發現，這個發現還曾經登上過頂級學術期刊《自然》的封面。

　　2004 年 10 月，印尼和澳洲的聯合科學考察團在島上一個叫作梁布瓦（Liang Bua）的洞穴中找到了 7 個矮人的骸骨。這種神祕的矮小古人類極可能就是島上「Ebu gogo」傳說的原型。他們不屬於任何已知的物種，每個矮人的身高都不超過 1 公尺。科學家判定，這是一種神祕的古人

類，經過初步測算，他們生活在 9.5 萬至 1.2 萬年前，與現代人智人生存年代重疊。

根據骸骨的發現地點，這些矮人被稱為弗洛瑞斯人（Homo floresiensis）。經過進一步的研究，科學家發現他們古靈精怪、身材矮小，會打獵，已經掌握了火的使用，還會製造精細的石器。他們腳底板平直、修長，可能善於長途跋涉，額葉結構和我們基本相同，甚至可能已經產生了相當完整的語言體系。

更為有趣的是，他們的發現地點弗洛瑞斯島，同時分布著科摩多巨蜥。化石殘骸顯示，這些矮人也曾有獵殺科摩多巨蜥的行為。科摩多巨蜥是地球上體形最大的蜥蜴，目前已知最大的一隻科摩多巨蜥體長有 3.3 公尺，看起來就像是龍。

這聽起來是不是有點像現實中的哈比人與巨龍？後來，科學研究團隊還真在一次公開演講中開了個玩笑，直接將他們稱作「哈比人」，因為實在和哈比人的形象太相似了。

　　不過圍繞在弗洛瑞斯人身上的謎團相當之多，科學家們也眾說紛紜，一些科學家一度推測，弗洛瑞斯人曾經占領了大半個地球，並且直到 1 萬年前都還大量生活在印尼的島嶼上。但是最近幾年又有科學家說，弗洛瑞斯人可能在 7 萬到 5 萬年前，就因印尼超級火山爆發而徹底滅絕了。

　　作為漫漫進化長路上的最後贏家，你我生而為人，應該是一種運氣。

自私的基因
什麼是人性？

　　我們都是基因的奴隸是真的嗎？人類有沒有可能抵抗
來自基因的呼喚呢？

達爾文的鬥牛犬

1978 年，理查‧道金斯（Richard Dawkins）出版了一本奇書《自私的基因》。

道金斯出生於肯亞，從小就受到良好的教育，後來隨父親回到英國，就讀於著名的牛津大學，並師從諾貝爾生理學或醫學獎得主、著名動物行為學家尼古拉斯‧廷貝亨（Nikolaas Tinbergen）。

他有著一大堆嚇人的頭銜：牛津大學教授、英國皇家學會會士、英國皇家文學會會士、英國世俗公會榮譽會員、英國人文主義協會副主席……還有著「達爾文的鬥牛犬」（湯瑪斯‧亨利‧赫胥黎也曾獲得過這個稱號）、「新無神論四騎士之首」、「全球科普第一人」等聽起來就十分厲害的稱號。

而道金斯獲得這一系列榮譽和成就的重要起點，就是《自私的基因》，這本書可以稱得上是一本顛覆三觀的科普神作，在生物學界，甚至整個科學界都引起了一陣風

暴。

《自私的基因》從基因的角度出發，解讀了生物進化，同時回答了一個非常具有哲學意味的問題：究竟什麼是人性？

基因機器

在《物種起源》中，達爾文提到的進化是以個體為單位的，物競天擇，適者生存。舉例來說，兩個人去森林裡散步，突然遇見了一隻老虎，這隻老虎就是「天擇」，這兩個人就是「物」，而他們「競」的就是誰跑得快：因為，我只需要跑得比你快，我就是「適者生存」了，你就是「不適者淘汰」了……

從這個角度來講，這個「競」指的是同類間的競爭。但是，動物還有很多行為並不能用同類間的競爭來解釋，例如母愛。

科學家曾經在非洲拍到這樣一幕：為了保護幼崽，羚羊媽媽會把自己送到鱷魚的口中。如果說所有物種的目的都是保證自身的生存，那麼要如何用「競爭」來解釋母愛呢？

直到 20 世紀 30 年代，才有科學家站出來回答了這個問題。

　　答案就是，進化的基本單位不是個體，而是群體，是群體在經歷自然選擇這個過程。如此一來，母愛的行為就能被解釋了。

　　整個群體都實踐著「犧牲小我，成就大我」的模式，利他行為是為了讓群體生存良好。但是，仍然有一些現象無法用群體進化論來解釋。比如，當捕食者靠近土撥鼠群時，第一個發現危險的土撥鼠會站起來大叫，向同伴報警。這同時也會讓捕食者首先發現報警者，大大增加了報警者自己被捕食的機率。初看，這個行為是符合群體進化論的，但是，科學家在進一步的觀察研究中，又發現了不合理的地方。

　　他們選擇了三個土撥鼠群體進行觀察，並統計在捕食者接近時，群體中有「土撥鼠站出來對同伴進行警示」的次數。

- 群體 A 裡，50 次攻擊中有 33 次有大義凜然的土撥鼠站出來報警，報警率達到 60%。

- 群體 B 裡，50 次攻擊中只有 3 次有土撥鼠發出警報，報警率僅為 6%。
- 群體 C 裡，50 次攻擊中有 40 次有英雄出來報警，報警率高達 75%。

同樣是土撥鼠，為什麼在報警率上會產生如此大的差異呢？

原來，群體 A 是一群兄弟、表兄弟，群體 B 是臨時建立的一群「路人」，群體 C 則是一個大家族。群體的組成不同，造成了差異的產生。

從基因上來看：

- 在群體 A 中，如果犧牲自己保兄弟，大概能保全自己 1 ／ 2（親兄弟）、1 ／ 4（同父異母兄弟）和 1 ／ 8（表兄弟）的基因流傳。
- 在群體 B 中，犧牲自己，保全路人，對自己的基因留存沒有任何好處。
- 在群體 C 中，如果犧牲自己，保全自己的後代，至少能保全自己 1 ／ 2 的基因流傳下去。

　　是基因在控制土撥鼠報警，能保全基因的比例愈大，
報警機率愈高。

　　於是科學家把「群體進化論」進化成了「基因進化
論」：進化的基本單位不是個體，也不是群體，而是基
因。自然選擇，選擇的也是基因。基因進化論似乎解釋了
很多自然現象，由此，「基因機器」這個詞的邏輯也就被
建構起來了。

　　既然自然選擇是在選基因，那麼，世界上所有的生物
體，無論是個體還是群體，無論是螞蟻還是人類，其實都
是被基因操作的機器。人類的身體、家庭和家族不過是基
因為了讓自己在自然選擇中能夠存活、繁衍的工具。人體
是一架機器，基因是這架機器的駕駛員。就算這架機器壞
了也沒關係，同樣的基因駕駛員可能還在你的家庭中駕駛
著另外幾台機器。

　　「我們不過是基因這架機器人格化的化身，是基因在
主宰我們。」這正是《自私的基因》一書的中心思想。

圖 2-4　尖叫著報警的土撥鼠

解構情感

翻開《自私的基因》，這本書裡講到的第一件事就是解構母愛。

母親是真的愛你嗎？還是體內的基因，命令她必須保護好你體內的基因而已？

你們的基因有一半是相同的。而她已經老了，已經完成了基因交給她繁衍的任務，而你還沒有，你對基因來說更有價值。所以，在危急情況下，基因會命令她去送死，從而保全你。

當看到一個懷孕的母親時，你看到的是一幅母慈子孝、歲月靜好的溫馨畫面，但她體內其實可能正在上演著一場惡戰。

在人類的子宮中，有一層厚厚的子宮內膜擋在血液供應系統和胚胎之間。不斷生長的胚胎會挖開子宮內膜，鑽進藏在更深處的動脈，將自己與母體的血管連接起來。

同時，胎兒會經由向母體輸送激素來控制母體，如使

用腎上腺素來增加母親的血壓，使用升糖素來增加母體的血糖等，這一切都是為了從母體榨取更多的能量。

但母親的子宮傾向只讓胎兒獲得剛剛好能保證生存的營養，同時將自己的損失降到最低。子宮內膜並不是想像中的溫床，而是一個試煉場，只有足夠強壯的胚胎才能在這裡生存下來。子宮時刻警惕地監視著胎兒，一旦發現胎兒存在某些問題，或是索取太多，就會停止對於胎兒的供應，阻止胎兒獲取更多資源，甚至將其排出體外。一些科學家認為，這就是女性月經的根本原因：排卵後，經由使一整層子宮內膜脫落，來排出可能存在的「不夠堅強」的胚胎。

而胎兒為了防止被排出，會嘗試把血管扎得非常深，這樣一來，母親如果想放棄自己，就必須冒著甚至可能會危及母體生命的大出血的風險，從而迫使母親留下自己。

原來，懷胎十月是母子雙方在子宮中的大戰。從胚胎著床的那一刻起，胎兒就在和母親搏鬥。對母親來說，最好可以連續生育很多胎兒，才能把自己的基因複製出多的拷貝；而對胎兒來說，他要保證自己的基因能夠存活，就

會盡可能多地吸收母體的營養，不必管母親的死活。

　　搏鬥的原因也只有一個：基因是自私的，為了達成目的不擇手段。

　　除了母愛親情，《自私的基因》還解構了另一種美好的感情——愛情。書中說，愛情和母愛一樣，都是基因的詭計。女性的繁衍成本非常高，這個從子宮戰爭中就能看出來。但是，男性的繁衍成本卻非常低。

　　相對女方的高成本，必須讓另一個低成本基因來為自己提供更好的生存條件，所以，自然界中絕大多數動物，都有求偶、擇偶的行為現象。這其實是基因在儘量拉平各自成本的一種交易。一般都是基因成本低的一方（通常是雄性）求偶，基因成本高的一方（通常是雌性）擇偶。

　　有一個特殊的例子，海馬這種生物是爸爸負責生孩子和養孩子。在這種動物身上，雄性的基因成本變高了，那擇偶、求偶的關係是否會互換呢？

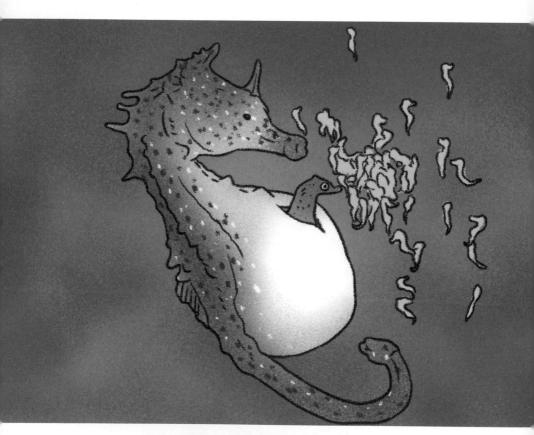

圖 2-5　撫育寶寶的海馬爸爸

答案是肯定的。而且科學家經過觀察，得出了一個結論：雄海馬選擇的雌海馬，通常比被他拒絕的那些雌海馬要擁有更多的卵子。

再說個恐怖點的例子。螳螂的基因平衡策略非常粗暴，一些品種的雌螳螂會在交配時直接吃掉雄螳螂，而雄螳螂的基因則命令牠一動不動。

有時候，人類為了求偶，也會做出和雄螳螂一樣奮不顧身的事情，我們把這種犧牲和「一輩子只愛一個人」的誓言叫作愛情。而事實上，這背後可能只是雙方基因在平衡成本時達成的交易。基因經由激素操控身體，讓身體感到愉悅，感到幸福，感到自己可以為另一半奮不顧身。而這一切的根源都在於，基因必須找到另一半後，自己才能繁衍下去。

當你老了，你的基因會覺得你已經不好用了，就會命令基因開始執行自毀程式，讓你老死，或者讓你在關鍵時刻去送死，總之，基因會讓你儘快為後代創造更多的生存機會。

　　這有點像一種被真菌感染了的「僵屍螞蟻」。這種僵屍螞蟻會奮不顧身地往最高的樹幹上爬。螞蟻這具機器，已經被另外一個基因駕駛員控制了。它控制螞蟻，爬到最高處，釋放自己的孢子，讓自己的基因得到更廣泛的傳播。

　　尚可令人欣慰的是，道金斯承認，人類是唯一可以反抗基因暴政的物種，因為人類會思考。人類反抗基因暴政的武器叫作——迷因（MEME），這個詞語來自希臘語的「mimema」，意思是「被模仿的東西」。

　　迷因和基因一樣，也會複製、傳播和進化。基因存在於我們的身體中，靠繁衍來完成複製、傳播和進化；而迷因存在於我們的大腦中，靠模仿來完成複製、傳播和進化。

危險的迷因

什麼是迷因呢？就是我們所謂的文化基因。

為什麼粉色代表女孩、藍色代表男孩？為什麼葬禮上不能穿大紅色的旗袍？為什麼禮拜天不能工作？為什麼一組 emoji 表情符號會迅速紅遍全網？這些無法解釋的文化現象，就叫作迷因。

道金斯在書中說，動物無法反抗基因暴政，但有很多人類可以借助自己大腦中獨特的迷因來反抗基因暴政，比如那些追求自由、嚮往獨身主義、成為頂客族的人。毫無疑問，這種情況就是迷因戰勝了基因，人類不再是基因的機器，人類又可以相信愛情了，因為愛情、親情這都是人類專屬的迷因。

然而，迷因有可能比基因更可怕。

2009 年，哲學家丹尼爾・丹尼特（Daniel Dennett）的哲學家發表了一場題目為「危險的迷因」的演講。演講中，他也講了一個僵屍螞蟻的故事。

他說，有一隻螞蟻爬到了一株小草的頂端，掉了下來，然後，牠又爬到頂端，又掉了下來，再爬，再掉，牠總想停留在小草的頂端。這是為什麼呢？牠有什麼目的呢？

答案是：沒有。那牠為什麼要做這種什麼好處都沒有的事呢？只是巧合嗎？

是的，只是巧合，巧合是有一隻雙腔吸蟲入侵了牠的大腦，螞蟻是中間宿主。雙腔吸蟲開始把螞蟻當成一台機器，牠控制著螞蟻不斷重複這種自殺的行為，直到最後，螞蟻被累死。

劫持螞蟻大腦的是雙腔吸蟲，而劫持我們人類大腦的是思想，是迷因。

丹尼特認為情況相當糟糕，幾乎所有人都已經被劫持了，而且在形形色色的迷因中，還有一些迷因有著非常美好的名字，自由、正義、愛……

按照丹尼特的理論，你以為你能用迷因戰勝基因，但事實上，迷因只不過是控制你的另一個駕駛員。當迷因占領了一個人的頭腦時，這個頭腦會像那隻被真菌感染了的

螞蟻一樣，變成一個讓迷因搭載、繁殖的工具。比基因更加可怕，它會劫持你的大腦，並經由你的嘴，進行如同病毒般的傳播。而且，一旦你被迷因感染，你就會自然而然地覺得這是正確的。

動物們都是基因的奴隸，而人類不僅是基因的奴隸，也是迷因的奴隸。

朝九晚五、三點一線、沒有時間思考、沒有時間談戀愛，存錢、買房、結婚、生子……這樣的循環就是基因奴隸的宿命嗎？

追求自我、崇尚自由、逃離都市、找到信仰、實現意義……這是跳出基因魔爪、反而墜入迷因陷阱的樣子嗎？

人類到底有沒有自由？我們內心的想法和感受到底從何而生、為何而滅？

是基因在驅使我們的想法嗎？是迷因在控制我們的感受嗎？

凝固的時光

5,300 年前的冰下乾屍

電影《侏羅紀公園》中科學家在侏羅紀時代的琥珀裡，找到了吸食過恐龍血液的蚊子，從蚊子血中提取了恐龍的 DNA，復活了恐龍。這個設想能否可能成真呢？

復活行不行

2012 年，哥本哈根大學的古遺傳學家摩頓·艾倫多夫
（Morten Allentoft）和他的同事針對一批已滅絕的恐鳥骨骼
進行研究，這些骨骼年齡在 600 年到 8,000 年間。他們利用
其中殘留的 DNA，計算出在正常條件下，DNA 的半衰期
是 521 年。

在細胞死亡之後，酶會不斷分解作為 DNA 骨架的核苷
酸間的化學鍵。

簡單來說，在生物死亡之後，每經過 521 年，樣本
中的核苷酸骨架之間的化學鍵就有一半會被分解掉，這些
DNA 就變成了無意義的碎片。這意味著，就算我們真的找
到了吸過恐龍血的蚊子，最晚在 6,500 萬年前就已經滅絕的
恐龍的 DNA 也早已毫無價值了。

不過，521 年的半衰期，其實和 DNA 樣本所處的溫
度和環境相關。最簡單的 DNA「保鮮」的方式就是低溫冷
凍，和我們保鮮牛排的方式差不多。

就像這個研究團隊所預計的，在 -5℃的理想保存條件下，能夠進行解讀的 DNA 大概最多可以保存 150 萬年。

如果復活恐龍暫時無望，那我們能不能試著復活點別的什麼，比如長毛象？

小象由香

　　2010 年，一位象牙獵人在西伯利亞的凍土層中發現
了一具似乎頗為新鮮的長毛象屍體。長毛象在大約一萬年
前，也就是冰川時代結束的時候就已經滅絕了。但這頭看
起來「剛死不久」的長毛象，毛髮還有光澤，肌肉還有彈
性，就像早上剛剛斷氣一樣，科學家們甚至從牠的體內抽
出了血液。

　　這令一些至今仍然相信「長毛象及一些史前動物仍然
生存在地心」的陰謀論者興奮不已，認為「這一定是一頭
不小心從地心跑出來找不到回去的路的小象」，成為「地
心世界一定是存在的」的證據。

　　實際上，經過鑑定，這頭後來被命名為由香（Yuka）
的長毛象死於 28,000 年前。牠能維持這種極為完美的保存
狀態，原因可能跟冰箱裡的冷凍水餃原理相似——急速冷
凍。

　　由香被發現在一個臨近北冰洋的冰崖上，牠的身上有

圖 2-6　小象「由香」

傷痕,後腿骨折了,背部有像是被鋸開一樣的切口,牠的脊柱、頭骨、肋骨和盆骨被從這個切口中取走了。

科學家們嘗試著從這些蛛絲馬跡中還原出了遠古的真相:

由香是一頭 7 歲左右的雌性小象,屬於當時北冰洋沿岸的某個象群。

除了長毛象,可能還有一群尼安德塔人也生活在這裡。尼安德塔人是現在歐洲人祖先的近親,他們在很長一段時間裡統治著整個歐洲、亞洲西部以及非洲北部,卻消失在了 24,000 年前。不過直到今天,歐亞大陸的現代人基因中,仍然能找到尼安德塔人的痕跡。

這是一個螳螂捕蟬,黃雀在後的故事。

28,000 年前的某一天,這群尼安德塔人埋伏在草叢中,遠遠地盯著由香所在的長毛象群。但是,他們遲遲沒有出手獵殺,而是等待著草叢中另一個饑餓的獵人先動手:一隻像獅子一樣的史前猛獸突然從草叢中躥出來,撲向象群。象群受驚,開始四散奔逃。

埋伏在草叢中的尼安德塔人死死地盯著那頭小象，看著牠被猛獸撲倒，但還在努力掙扎。終於，猛獸耗盡了體力，制服了小象。

這時，尼安德塔人突然吹響骨笛，從草叢中一擁而上。

猛獸被尼安德塔人趕走，畢竟一隻猛獸要比象群好對付多了。

由香成了尼安德塔人的獵物。這群尼安德塔人熟練地鋸開了由香的後背，準備平分獵物。

然而此時，天氣驟變，大地就像一下子被凍住一樣。這種天氣驟變在當時不穩定的氣候條件下時常有發生，尼安德特人一直對這種天怒一般的災難充滿了恐懼，他們丟下長毛象，驚恐地逃回了洞穴。

第二天，海岸變成了冰崖，這裡已經徹底不適宜居住了。

尼安德塔人走了，象群走了，猛獸也走了，只有長毛象由香的時間凝固了，靜靜地躺在冰崖中。

2019 年 3 月，一直致力於復活長毛象的日本近畿大學

入谷明教授發表了最新成果。他的團隊在由香的遺體中，提取了保存相對完好的肌肉組織細胞核，植入老鼠卵子中。實驗中，這些細胞核中包含的遺傳物質片段在鼠卵中顯現了自我修復和細胞分裂的跡象，但並沒有產生更進一步的成果。

即便是如由香般保存完好的長毛象屍體，細胞活性也受到極大的傷害。復活長毛象在技術上仍然有很長的路要走，就更不用說研究倫理等方面存在的障礙了。

奧茲冰人

　　隨著全球暖化加劇，很多常年封凍的地區都開始慢慢融化，露出了冰層下面的世界。人們不斷在這些地方發現凝固在冰層中的動物屍體。在各種動物屍體之中，有一類對我們來說有著更為特殊的價值，那就是人類的屍體。

　　1991 年 9 月 19 日在一個陽光明媚的午後，德國登山遊客赫爾穆特・西蒙（Helmut Simon）和他的妻子艾莉卡（Erika）正在攀登奧地利與義大利邊境上的阿爾卑斯山。在奧茨山谷附近，他們看到遠處的冰雪下有一個黃棕色的東西，便好奇地走了過去，用登山杖扒開雪層，發現那是一具趴在那裡的人類屍體。這具屍體全身被包裹在透明的冰淩之中，身邊隱約散落著一些衣服和工具。

　　這是前幾年遇到山難的失蹤者嗎？西蒙夫婦下山後，第一時間向奧地利警方報了案，奧地利警方最初也同樣認為這可能是一名遇難的現代登山者，於是將屍體和其周圍

的遺物一起運下了山。

　　但在仔細觀察屍體旁的遺物後，奧地利當局感覺到了
這具屍體的不同尋常，用放射性碳測年法進行了斷代。

　　放射性碳測年法是考古學中常見用來判斷死亡生物體
（除屍體外，還包括木質家具及紙張等生物製品）年代的
方法。原理是這樣的：自然界中存在三種碳的同位素，分
別為 ^{12}C、^{13}C 和 ^{14}C，其中是一種低能量的放射性元素，有
著很長很長的半衰期——5,730 年。

　　雖然 ^{14}C 在這三種同位素中所占比例最小，僅占
10^{-12}，但是由於同樣參與大氣中的碳循環，因此我們可以
說，只要是與自然界有碳交換（比如我們吃進碳水化合物
和呼出去的二氧化碳，都可以算碳交換）的生物體內，就
一定含有 ^{14}C。但是，一旦生物體死亡，體內的碳就不再與
外界存在交換關係，^{14}C 的數量就會隨著衰變規律而減少。
因此我們可以經由死亡的生物體內殘留的 ^{14}C 數量，來推斷
其停止與自然進行碳交換的年代，也就是死亡年代。

　　經過放射性碳測年法的鑑定，科學家們發現這是一具

生活在 5,300 多年前的石器時代的古人類屍體，比埃及最早的木乃伊還要早 1,000 多年。這立刻震驚了學界，這具屍體也因其發現地而得名「奧茲冰人」（Otzi the Iceman）。一躍成為這個世界上已知最古老也最有名的屍體，引起了全世界考古學家及古人類學家的關注。

由於奧茲冰人的死亡地點在海拔 3,000 多公尺的雪山之上，他死後被迅速凍結，又被山上常年的冰雪完整封存，幾乎沒有留給會讓屍體腐敗的細菌一絲機會。因此雖然已經嚴重脫水成為一具乾屍，但奧茲的組織器官保留得極為完整，科學家甚至還可以在他的消化道中找到他死前的最後兩餐。

從最基礎的解剖和 X 光，再到 CT 掃描和 DNA 技術，科學家們用盡一切手段，對這無與倫比的珍貴標本進行了全方位研究。

奧茲冰人是一名 5,300 年前的男性，45 歲，O 型，身高 165 公分，體重 61 公斤。乳糖不耐，消化系統中有寄生蟲，還患有關節炎。似乎在死前的半年中得過幾次大病。

消化道中殘留著生前的食物，是一些鹿肉、植物根莖和漿果，還有一些蕨類、花粉、豆子和穀物，這應該是他最後兩餐的內容。

隨身攜帶了一些武器，包括一把銅斧、一把匕首、木弓和一些箭。腳部患有凍瘡，甚至有輕微壞死的跡象，身上有多處刀傷，左肩胛骨下殘留著一枚鋒利的箭頭，右眼和額頭附近有一道很深的切口。

考古學家維雷爾（Ursula Wierer）和他的團隊根據這些細節，還原出了奧茲冰人死前 33 個小時內的行動：

死亡前 33 小時，他吃了飯，在村落中修補了自己的武器，準備上山，可能是因為有仇家在山上，因此想上山去尋仇。

死亡前 24 小時，他的手部受了傷，受傷後，他無法繼續修補石器了，此時仇家很可能已經殺到了村中。

死亡前 8 小時，他又吃了一頓飯，可能是為了躲避

圖 2-7 「奧茲冰人」復原圖

仇家的追殺，吃完飯他上了山。死亡前 3 小時，他冒著嚴寒，在 3,200 公尺的山上又吃了些東西，這裡太冷了，而他的防寒措施並不充足，這可能使他消耗了大量的體力。

死亡前 5 分鐘，一支箭射穿了他的肩胛骨和大動脈，可能是仇家追殺而來，經過短暫的搏鬥，他失血過多而死。

接著，奧茲冰人的時間凝固在了冰川之中，阿爾卑斯山的冰雪封存了他的一切，直到 5,300 年後被偶然發現。

人體冷凍

還好礙於倫理考量，沒有人打算經由技術手段將奧茲冰人復活。不過冷凍人的復活倒是不少科幻小說中常用的哏。

最早的一篇可以追溯到 1931 年，故事的主角叫詹姆斯，他死後遺體被保存在低溫和真空中發射到太空裡，就這樣漂泊了幾百萬年。後來他的遺體被外星人復活，復活的方式也十分特殊：只復活了他的頭顱，並為他裝上了機械身體。就這樣在人類已經滅絕的時代，詹姆斯獲得了永生。

其實在現實中，雖然幾百上千年不好說，但要讓一個人凍上幾十年，並且仍具有「復活」可能性的技術早已出現，那就是人體冷凍技術。

1962 年，羅伯特・艾丁格博士（Robert Ettinger）出版的《永生不死的前景》一書，是現實中的人體冷凍的起點。艾丁格博士在書中指出：人類和大量低等動植物一

樣，具有「冷凍復活」的潛力。他還在書中預言人體冷凍
技術可以使「我們大多數人獲得永生不朽的機會」，並對
此進行了嚴密的科學論證。這本書的出版標誌著人體冷凍
保存運動的開端，艾丁格博士後來也因此被稱作「人體冷
凍之父」。

　　人體冷凍並不是簡單地將人一凍了之，而是以在未
來的某個時刻將冷凍的人體喚醒為目的的冷凍。因此，在
技術上，不但要考量如何將人凍住，也要考量在冷凍以及
化凍時不會對人體產生傷害。像奧茲冰人那樣凍成一具乾
屍，肯定是不行的。

　　不過經由前面小象由香和奧茲冰人的故事，我們已經
了解，在生物體死後及時讓其進入低溫環境，可以很大程
度上延緩甚至叫停讓屍體腐爛。同樣，人死後越快進入冷
凍，細胞和身體受到的影響就越小。當然，只要提前簽好
協議、做好準備、安排好一切事宜，及時進入冷凍狀態並
不是什麼困難的事情。

　　常煮飯的廚藝愛好者都應該知道，一塊鮮肉，在經過

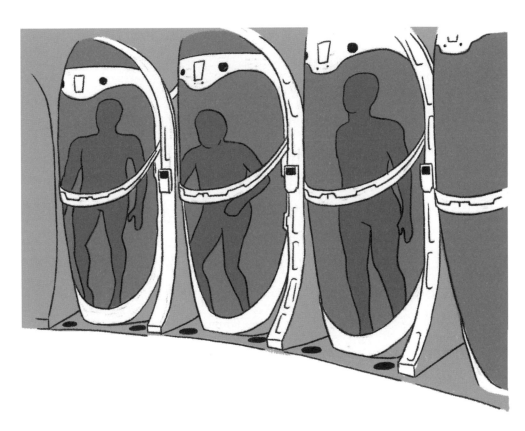

圖 2-8 科幻般的「人體冷凍」

冷凍再化凍後，往往會滲出大量的血水。這是因為在冷凍時，細胞中的水分會結冰，而這些冰晶會破壞細胞結構，從而造成細胞的死亡。凍肉化凍時滲出的血水，很大一部分就來自這些破損的細胞。這顯然是我們在以喚醒為目的的人體冷凍中不願意看到的結果。因此，在對人體進行冷凍之前，需要經由手術和灌注，將人體中的血液替換為冷凍保護劑。冷凍保護劑可以降低冰點，減少冰晶的產生，最大限度地避免對身體細胞組織造成破壞。然後，人體才會進入降溫程式。經過 60 小時的降溫後，冷凍的屍體就可以被轉移到巨大的液氮罐中長期保存了。

如今世界上冷凍人的數量已經接近 500 人，但能夠獨立實施人體冷凍的機構只有 4 家，分別是美國的阿爾科生命延續基金（Alcor Life Extension Foundation）及人體冷凍研究所（Cryonics Institute）、俄羅斯的 KrioRus 和中國的山東豐銀生命科學研究院。其中人體冷凍研究所是由「人體冷凍之父」艾丁格博士創立，而阿爾科生命延續基金會中保存著全世界第一個被冷凍保存的人詹姆斯·貝德福（James Bedford）的身體。

　　按照計畫，貝德福本應該在進入冷凍狀態 50 年後，也就是 2017 年被喚醒，但阿爾科生命延續基金會至今並未行動。

　　一方面，我們可能仍未對喚醒冷凍人在技術上做好準備；另一方面，據傳聞，貝德福當年所使用的冷凍保護劑似乎對人體傷害甚大，也就是說，就算技術完備，貝德福是否能夠醒來也十分不好說。

　　進行人體冷凍的費用倒是並沒有想像中那麼高昂，以這幾家機構中收費最高的阿爾科生命延續基金會在 2017 年的報價為例，進行全身冷凍的費用約為 20 萬美元，還有一個更便宜並且更具有科幻意味的選擇——單獨冷凍頭部，僅需 8 萬美元。不過，在現有的技術手段之下，選擇人體冷凍，比起「追求永生」和「無限可能」，更像是在參與一場結果未知的科學實驗。

　　當然，技術仍然不斷進步，關於人體冷凍的最新進展似乎為貝德福以及其他被凝固在液氮罐中的人們帶來了一些希望：據報導，2020 年 12 月，一個在液氮罐中沉眠了 27 年的胚胎被取出植入一位母體的子宮，並分娩出一名健

康的女嬰。

如果有一天，我們真的像艾丁格博士所說的那樣，打破生與死的邊界，獲得「永生」之時，生命是否也就失去了很多意義？

人工冬眠
為生命按下暫停鍵

　　穿越到未來的開關，可能就在你的大腦中，科學家能找到打開的方法嗎？

一億年前的海底微生物復活

2020 年 7 月 18 日《自然》（Nature）上刊登了一篇通訊，幾乎推翻了人類對於生物生命的認知。

這篇通訊的作者是日本海洋地球科學技術廳的地球微生物學家諸野由己。南太平洋 5,700 公尺水深處的海底缺乏營養物質，曾被認為是地球上最死寂的地方之一。但諸野和他的研究小組從在這裡採集的黏土樣本中發現了 10 個種群和亞群的細菌。

更令人驚奇的是，研究小組在實驗室中培養了這些微生物 557 天，提供氨、醋酸鹽和氨基酸等碳、氮「食物」，這些微生物竟然「甦醒」了過來，開始「進食」、生長甚至繁殖。

這些細菌在過去大約一億年中，一直在海底處於休眠狀態，可能是地球目前已知的最老生物體。有科學家說，這種壽命從數學模型上來說是不存在的。但是，事實就擺在眼前。

　　就像諸野自己所說的，他們的研究顯示，地球上最簡
單的生物結構「沒有壽命的概念」。這些微生物像是在地
球深處「睡了長長的一覺」，從一億年前穿越到了現在。

　　長期休眠像是一種穿越時光的技術，在自然界中並不
罕見，蟬能在地底蟄伏 17 年，肺魚能在乾旱的土壤中存活
4 年，更常見的休眠形式其實就是我們熟知的冬眠。對變
溫動物來說，牠們的體溫會跟隨外界環境溫度的下降而下
降，過低的溫度會讓牠們無法維持正常的身體機能，不得
不找上一個安全的地方睡個長覺，例如雪蛤能在零下 16℃
的冰窖中沉睡 8 個月，直到氣溫回升才甦醒過來。

人類可以冬眠嗎？

其實一些恆溫的哺乳動物也有類似的技能，牠們會提前儲備足夠能量（在秋天大吃特吃，把自己吃成一顆球），然後經由降低自身體溫來降低新陳代謝水準，大睡一覺，減緩能量消耗的速度，來應對可能遇到的能量缺乏。

在不適宜活動的季節，一些蝙蝠能冬眠長達 8 個月，懷孕的北極熊也會選擇靠冬眠來度過最難捱的冬日。在此期間，牠們降低體溫、減緩心跳、用極低的新陳代謝率維持神經和肌肉的活性。一旦外界環境發生變化，牠們就會醒來，迅速恢復正常。

1997 年發射的太空船「卡西尼號」（Cassini），在太空中足足飛了 7 年，2004 年才進入環繞土星的軌道。想像一下，假如 3 個太空人要在土星與地球之間往返，光是飛行時間恐怕就要耗費掉近 20 年。太空人們又不能真的像電影《絕地救援》中那樣在外太空上種馬鈴薯，我們要為 3

個不會冬眠的太空人準備至少 20 年份的食物、水和其他物資。這些物資該有多重？裝載這些物資，又需要多大的火箭？

於是，在物理學家研究能量、物質、引力和火箭的同時，一些生物學家就像科幻電影中一樣，在研究人工冬眠技術。如果這一設想得以實現，太空人就可以安全地進入一種類似「冬眠」的狀態，到達目的地後再被喚醒，迅速恢復正常。

這種美好的設想，真的能夠實現嗎？

僵屍實驗

其實，早在 2005 年，科學家就已經在狗身上進行過相關實驗了。但是這個實驗聽起來並不美好，甚至還有點恐怖。

匹茲堡大學的科學家們發明了一種製造僵屍狗的方法。他們先是在狗的主動脈上開一個口，接上體外循環器，用 7 ～ 10℃的冷鹽水代替血液，迅速注入狗體內，同時，保證冷鹽水中有適量的氧氣和葡萄糖，保持這種冷鹽水的體外循環不停。

這時，我們已經極難檢測到狗的心臟和大腦活動，可以說，狗維持在一種極為接近死亡的狀態中。而在這種狀態下，只需要很微弱的能量就可以維持狗的生命。

等需要喚醒狗的時候，只要再將溫暖的血液重新注入狗的身體，冷鹽水全部撤出，「僵屍狗」就會慢慢「復活」。

而這隻狗被「人工冬眠」的時間，對狗來說，就像是

一場時光穿越。

　　不過，這種「復活」也有後遺症，實驗中，有一些狗在「復活」後出現了永久性的腦損傷。

　　2006 年，美國麻塞諸塞州總醫院的科學家聲稱，他們已經用這個方法製造出了 200 頭僵屍豬，「復活」成功率超過了 90％，最長可以保持休眠狀態 25 小時。他們甚至還用這段時間為豬做了一些原本在「活豬」身上很難完成的臟器修復手術。

　　其實，這些科學家進行的「僵屍狗」「僵屍豬」實驗，最初的靈感來自幾起偶然發生的人類休眠事件。

死而復生

　　加拿大的愛德蒙頓有一個叫艾瑞卡‧娜比（Erika Nordby）的小女孩，是醫學史上著名的「奇蹟寶寶」。

　　2001 年 2 月 22 日這天，小艾瑞卡的媽媽和朋友出去喝酒，將 13 個月大的小艾瑞卡留給保母照顧。等晚上媽媽回家的時候，保母已經走了。媽媽喝得也有點多，就直接躺在床上睡著了。凌晨 3 點鐘的時候，媽媽醒來覺得不對勁，通常這個時候小艾瑞卡都會因為要喝奶而開始哭鬧，但是今天卻格外安靜。

　　媽媽的酒一下子醒了，她趕忙來到小艾瑞卡的床邊查看，卻發現小艾瑞卡並不在床上。

　　跟著屋後的一串小腳印，媽媽在雪地裡找到了已經被凍僵的小艾瑞卡。是小艾瑞卡自己從沒有關好的後門走出了房間，當時她只穿了一條尿布。救護車趕到時，小艾瑞卡的脈搏已經停止了 2 小時，體溫只有 16℃，在醫生想為小艾瑞卡進行氣管插管的時候，發現管子根本插不進去，

因為她連氣管都被凍住了。

但醫生沒有放棄，到達醫院後，他們為艾瑞卡接上了體外循環設備，將小艾瑞卡冰冷的血液抽出來，加熱後再輸送回去。

大概 30 分鐘後，小艾瑞卡的心臟重新跳動了起來。醫生最初還擔心她會面臨凍傷需要截肢的風險，但後來發現她的身體一切正常。6 週以後，小艾瑞卡就出院了。

被凍僵的幾小時裡，小艾瑞卡進入了一種類似冬眠的狀態，她的身體用最低的耗能，維持了所有神經、肌肉和皮膚所需要的能量。

艾瑞卡的經歷並不是一個個例。

1980 年 12 月 20 日的晚上，19 歲女孩珍·希亞得（Jean Hilliard）的獨自開車回家，行駛在明尼蘇達的鄉間小路上。

一個不小心，她的車翻落溝裡。不過珍記得，她有一個朋友就住在這附近，於是她決定先把車放在這裡，步行去朋友那裡求助。當時還不到晚上 8 點，但氣溫已經低至

零下 20℃。珍穿著牛仔褲、牛仔靴和大毛衣就上路了。
她向著記憶中朋友家的位置走了大概 2 公里，翻過一座小
山。但是，朋友家並沒有如預期般出現在眼前。簡有些害
怕，但她只能選擇繼續往前走。

　　走了 1.2 公里，穿過了一片小樹林，珍終於看到了朋
友的房子。事後接受採訪的時候，珍表示看到房子的時候
她非常開心，慶幸自己不會被凍死在冰天雪地中。然而就
當她準備敲門的時候，突然兩眼一黑，失去了意識。

　　6 小時之後，也就是第二天早上，珍的朋友推開門，
在門外幾公尺處發現了已經被凍成冰雕的珍。朋友趕緊把
她搬到自己車上、送往醫院。

　　到了醫院，醫生發現，珍的體溫已經低到了當時的溫
度計都無法測量的程度。醫生想要為她注射點滴，結果因
為被凍得太硬，針頭根本扎不進去。好在她當時還有呼吸
和脈搏，但是頻率低得匪夷所思：據說珍當時每分鐘只有 2
～ 3 次呼吸，脈搏跳動還不到 10 下。

　　大家都以為她沒救了，甚至有人已經開始聯繫後事。

　　但是，2 小時以後，被包裹在電熱毯中的珍開始劇烈

抽搐，並恢復了意識。醒來後不久，她的行動一切正常，沒住院就直接回家了。

據珍自己說，她感覺就像睡了一會兒，還做了一個夢。

夢中她很害怕，她想著不能讓她爸爸知道她把車開到溝裡去了，她要去找朋友，讓朋友把車弄出來修好，再開車回家。

醫生推測，她是進入了「冬眠」狀態，在零下 30℃ 的雪地裡「冬眠」了 6 小時。

如果說小艾瑞卡和珍「冬眠」的時間還是太短，聽起來像是一下被「凍僵了」，那麼 35 歲的日本人內越光孝的經歷絕對可以稱得上一場真正的冬眠。

2006 年 10 月 7 日，內越和同事一起去爬了六甲山。他們爬上山頂之後開始野餐，欣賞山下神戶和大阪的城市風光。下山的時候，同事們都選擇了坐纜車，只有內越打算徒步下山。

當時他身上只剩下了半袋烤肉醬和半瓶水。在跨過一

條小溪的時候，他不小心腳下一滑，摔斷了骨盆，躺在草
地上不能動彈。夜晚到來，他還沒有等來救援，饑渴難耐
的內越吃掉了身上僅剩的半袋燒烤醬和水。秋季的山中不
乏毒蟲猛獸，他緊張得一晚沒有合眼。當第二天的太陽升
起，陽光照在草地上時，他被無法抗拒的疲倦感淹沒，終
於忍不住睡著了。

　　等到人們再次找到內越，距他失蹤已經過去了整整 24
天。在氣溫不到 10℃ 的高山上，他就這麼躺在風雨中「冬
眠」了 24 天。他被發現時，體溫只有 22℃，心率和呼吸極
其微弱，並且已經無法檢測到任何內臟活動。

　　經過檢查，醫生發現在這 24 天當中，內越的體重從
62 公斤降到了 55 公斤。他進入了一種新陳代謝率極低的狀
態，保全了自己的神經和肌肉沒有受到太大傷害，和我們
已知的動物冬眠狀態非常相似。

冬眠開關

在進行了兩週的復健後，內越回到了之前的工作崗位，這次經歷沒有給他留下任何後遺症。

這幾個「死而復生」的故事主角都非常幸運，因為在同樣的情況下，沒能進入「冬眠狀態」，直接在戶外被凍死的人數並不少。他們為何會如此幸運？是一不小心打開了自己體內的「冬眠開關」嗎？人體內真的會有「冬眠開關」這種東西嗎？

2010 年 2 月，生物學家馬克・羅斯（Mark Roth）發表了一個演講，說他解開了減緩人體內代謝活性的謎團，找到了一個能使人體進入冬眠狀態的「開關」，其中的關鍵，居然是一種毒氣。

他的靈感來源於新墨西哥州的龍舌蘭洞穴（Le-chuguilla）——曾被聯合國教科文組織評為「全世界最美的地下洞穴」。不過這個洞穴中充滿了硫化氫，這是一種有毒的氣體，聞起來有點像臭雞蛋的味道，洞穴探險者必須

全副武裝才能進去。

　　然而羅斯注意到，在這個洞穴中居然生活著一些蝙蝠，而且，牠們的生活似乎並沒有受到毒氣的影響，只是偶爾會進入一種假死的狀態。這讓羅斯想起第一次世界大戰時，硫化氫也曾被當作武器使用，有些吸入過量硫化氫的人會立刻暈倒，但是，過一段時間又會甦醒過來。

　　2005 年，羅斯開始在小鼠身上進行有關硫化氫和休眠的實驗。他利用硫化氫使活的小鼠進入一種低代謝的假死狀態，再安全地將牠們喚醒，成功率可以達到 100％。

　　於是，羅斯提出了一個假設：如果快速用硫化氫取代氧氣，就會打開人類的「冬眠開關」，使人進入冬眠狀態。

　　除了羅斯的「硫化氫」開關外，日本科學家還發現了另一個讓人進入冬眠狀態的「開關」，並在《自然》上發表了相關成果。

　　日本理化學研究所的研究員砂川玄志郎和築波大學櫻井武司的團隊經由實驗發現，使用「精妙的遺傳學技

術」，就可以讓小鼠喪失活力，使小鼠的心率、呼吸、血壓等一系列數值全部降低，進入低體溫、低代謝的冬眠狀態。

這技術說起來十分簡單：只需要用一種叫氯氮平氧化物（Clozapine-N-oxide，簡稱 CNO）的物質激素刺激下丘腦的 Q 神經元（Quiescence-inducing neurons，休眠誘導神經），就能讓小鼠進入一種由 Q 神經元引發的低代謝（Qneuron-induced hypometabolism，簡稱 QIH）狀態。還可以經由控制 CNO 的注射量，來控制 QIH 持續的時間。

最重要的是，科學家發現，解除休眠狀態後的小鼠，大腦、心臟、肌肉等組織和臟器沒有發生任何可見的改變，同一隻小鼠可以在正常和休眠兩個狀態間多次切換。

科學家也在家兔身上進行了成功的實驗，現在他們已經將目光投向了靈長類動物。可以想見，有朝一日，如果這項技術能成熟運用在人類身上，人工冬眠說不定會成為一件很平常的事。

到了那個時候，長期的太空旅行不再受限於人類壽命和火箭的運載能力；一些危重症病人可以經由進入冬眠狀

圖 2-9　讓小鼠進入「冬眠狀態」

態獲得更好的治療；甚至我們可以將自己的時間「按下暫停鍵」，穿越到未來去看一看。

這麼說起來，「時光穿越」的技術，說不定會由生物學家搶在物理學家之前實現呢？當然，要像那些深埋在地底的細菌一樣，一下子穿越一億年，大概還是十分困難的……

強迫症
被神選中的人

　　腦海中控制不住的強迫念頭來自哪裡？揭開推動人類
文明的重要關鍵。

荒廢公寓之謎

　　1947 年 3 月 21 日，紐約曼哈頓警方接到報警，在曼哈頓北部哈林區，有一棟公寓正在散發惡臭味。員警趕到現場，進入這棟公寓後，他們發現房間裡到處都填滿了各種雜物，更匪夷所思的是，在雜物堆中竟然還有好多被故意設計出的陷阱。

　　員警在一道道屏障和機關中穿行，出警成了一次探險。2 小時後，他們終於上到 3 樓，見到了公寓的主人之一——荷馬・科利爾（Homer Collyer）。他坐在椅子上，乾枯的身體上只穿了一件藍白色的浴袍。此時，他的頭垂到了膝蓋上，已經死了。

　　經過法醫鑑定，警方確認他是被活活餓死的，死亡時間是 10 小時前。與此同時，這棟公寓的另一位主人——蘭利・科利爾（Langley Collyer），死者的親弟弟，下落不明。警方開始尋找蘭利的蹤跡。一時間，豪宅科利爾公寓成了全紐約人關注的焦點。

　　科利爾家族自稱是英格蘭李文斯頓家族的後代，是紐約最古老的家族之一。

　　科利爾兄弟出生在一個富裕的中產家庭，他們的父親是一位名醫，母親是一名音樂學院的教師。哥哥荷馬是天才兒童，14歲考入紐約大學，25歲就成了紐約知名的律師。弟弟蘭利是個鋼琴家，同時也是紐約最大的鋼琴經銷商之一。

　　1929年，科利爾兄弟的父母相繼去世，將財產全部留給了兩兄弟。又過了幾年，哥哥荷馬也因為腦出血而導致失明和癱瘓。兩兄弟都沒有結婚成家，弟弟蘭利選擇放棄鋼琴經銷商的工作，全職在家照料哥哥。

囤積障礙

當時正值美國的經濟大蕭條時期，他們所在的哈林區治安不斷惡化。出於安全考慮，再加上本身就不願在白天出門，弟弟蘭利經常在深夜才外出購買生活必需品和食物。因為常年無人去繳納水電燃氣費，公寓的水電供應也被切斷。從外面看，這座公寓就像一個被人遺棄的鬼屋。

各種關於科利爾兄弟和豪宅的都市傳說在紐約流傳，不時有不速之客想要來一探究竟，其中不乏聽說兄弟倆的公寓中存有大量財富而躍躍欲試的盜賊。兄弟倆人不堪其擾，弟弟蘭利用鐵柵欄從裡面封死了公寓的大門和窗戶，並在房間內設置了大量的機關和陷阱。兩人從此與世隔絕，變得愈來愈神祕。偶爾會有人看到弟弟蘭利在天黑後出門，走上好幾個街區去購買麵包或者取水。

這次案件使得圍繞在科利爾公寓周圍的種種謎團似乎終於要被解開，公寓外每天都有幾百上千名好事者圍觀。由於公寓中的雜物實在太多，警方不得不調用吊車來進行

清理，3 週後，警方總共從公寓中清理出了 160 噸雜物，從廣告傳單、老式內褲，到各種醫學標本、雕塑、2 萬多本書籍、14 架名貴的鋼琴、1 輛古董福特 T 型車，以及 140 噸的垃圾，幾乎無所不包。

這些垃圾裡有大量報紙，據說是弟弟蘭利生怕哥哥會錯過任何一條新聞，因此收集了自哥哥失明後每天的報紙並整理好，以待哥哥如有一日復明後閱讀。

終於，工人們在垃圾堆中發現了遍尋不著的弟弟蘭利，此時他已經成了一具高度腐敗的屍體。經過法醫調查，蘭利很可能是在為癱瘓的哥哥送餐途中，不小心觸發了自己設置的陷阱，被大量垃圾壓住，活活悶死的。他被埋在垃圾隧道中，離發現荷馬的位置只有 3 公尺多。無法動彈的哥哥荷馬對弟弟的死去束手無策，自己也在無助中被餓死。

其實在出事之前，曾經有一個水管工見過弟弟蘭利，提出可以幫他打掃房間。但蘭利告訴他，不管是一張簡陋的牙膏廣告，還是一條 16 歲時穿過的內褲，對他們兄弟兩

人的精神世界來說都是不可或缺的寶物，每一樣東西都有著重要的意義，不能被丟棄。

後來，科學家專門為兄弟兩人的行為創造了一個詞──科利爾兄弟症候群（Collyer's Mansion Syndrome），也就是如今我們所說的強迫性囤積症，一種過度收集，以及無法丟棄物品的強迫性行為。

這是一種可輕可重的強迫症，顯然在科利爾兄弟身上的症狀已經十分嚴重。由於接連發生的變故（父母去世，哥哥眼盲癱瘓），再加上生存環境惡化，及不斷被生人騷擾，科利爾兄弟所感受到的安全感不斷下降、壓力不斷增加，導致強迫症症狀愈來愈嚴重。無法抑制的囤積欲使他們死在了自己製造的垃圾王國中。

但是，同一時代，同樣是在美國，同樣是富家子弟，還有一位強迫症患者走出了完全不同的人生軌跡。

圖 2-10　神祕的科利爾公寓

美國歷史上的第一個億萬富翁

　　他是鋼鐵人的原型——霍華·休斯（Howard Hughes）。休斯是美國歷史上第一個億萬富豪，他的公司製造出第一顆同步衛星、第一艘登月太空船，他曾經駕駛最快的飛機創造過人類的速度紀錄，也曾駕駛飛得最高的飛機橫穿納粹德國，並用 91 小時的時長刷新了環球飛行的紀錄。

　　在那個戰爭年代，他是全美人民心中的英雄。

　　但同時，他也深受強迫症的折磨。他必須不斷地洗手，洗到手脫皮出血才甘休，他還必須將豌豆按照從大到小排序後才能吃飯，必須反覆思考如何打開牛奶瓶才不會沾染細菌，必須在家裡布置出無菌區……

　　最後他死在了自己的私人飛機上，沒有子女，193 公分瘦得只剩下 42 公斤。警方要靠指紋才能確認了他的身分。

　　他究竟經歷了怎樣的人生？

　　休斯早早就展現出了一個「天才」應有的樣子。據說他 11 歲的時候就自組收音機，建立了休士頓第一個無線電

台；12 歲時發明出第一輛自動自行車；13 歲時已經能獨立拼裝出摩托車……18 歲前，他的父親為他提供了頂級富二代的生活；而母親則有些過分關愛，想將他和外界的危險隔離開來，不斷地講外面正在流行的霍亂和斑疹傷寒，並一遍遍地幫他洗澡。

這本應是一個幸福美滿的家庭，卻接連遭遇不幸：休斯 16 歲那年，母親死於手術麻醉；18 歲時父親因心臟麻痺去世。他提前繼承了巨額的財產和父親的公司。

這之後，人們發現休斯不只是含著金湯匙出生的富二代，他在各個方面有著異乎尋常的天賦。

20 歲時，他要拍攝自己導演的空戰大片《地獄天使》最震撼的空戰鏡頭，但沒有一個飛行員敢按照他的要求飛行。他二話不說，搶過頭盔親自駕駛飛機。飛機俯衝下來，在接近地面的一瞬間拉起，但飛機的肚子還是碰到了地面，而後墜毀。飛機翻了好幾個跟頭，在場的人都以為他死了，但他從飛機中爬了出來。身後的飛機開始燃燒，接著爆炸，而他卻匍匐在地上大笑，因為，這就是他想要

的完美鏡頭。

　　為了拍攝這部電影，一共調用了 87 架飛機。但在殺青時，他卻說，不行，空中沒有雲彩，看不出我要的速度感，必須重拍。

　　重拍以後，再次殺青時，他又說，好萊塢已經開始拍攝有聲電影了，我的作品不能是一部默劇，必須重拍。

　　1930 年上映的超級大片《地獄天使》一共耗資 400 萬美元，相當於現在的 12 億美元，這個金額在今天也還沒有哪部片子能比得上。這部電影拍到休斯幾乎破產，他甚至不聽從自己財務顧問的警告，抵押了休斯公司幾乎全部的股權，最後負債累累地完成了拍攝。但《地獄天使》一經上映就震驚全美，拿下 800 萬美元的票房，而這一年，休斯剛剛 25 歲。

　　休斯似乎對飛機或飛行有著異乎尋常的執著，在此之後，製造出了當時飛得最快的飛機，以及人類歷史上最大的飛機，完成了一系列關於飛行的奇蹟。甚至直到 2000 年，全球的現役衛星中有 40％是休斯公司生產的。

圖 2-11　20 世紀 30 年代的戰爭大片《地獄天使》

神選之人

休斯年幼時，曾和母親說他的夢想是要開世界上最快的飛機、拍最宏大的電影、成為世界上最富有的人。1923年，父親留下 75 萬美元，到了 1970 年，他已經創造了一個價值一兆美元的商業帝國。

但他的一生也一直被籠罩在強迫症的陰影之下。或許他對於「完美」電影的追求，以及對於飛行的執著也來自他可能的強迫性人格障礙。

不瘋魔不成活。這大概是對強迫症最通俗的一個比喻。但強迫症究竟是什麼呢？

強迫症最標誌性的症狀是強迫思維，也就是腦中突然冒出的一個令人無法忽略的聲音。可能是「我今天出門前是不是沒關瓦斯爐」，也可能是過去的某次「社死現場」。

其實每個人都會產生這樣的強迫思維，大部分人可以比較容易地消除不良影響，但這對強迫症患者來說卻十分

困難。這些想法會引起強迫症患者的焦慮，這時他們就需要經由一些強迫性的行為來緩解這種焦慮，比如洗手、重複念叨某一個詞語等。

科學研究發現，人類大腦中天生就有著某種會促成強迫思維的機制，強迫症患者大腦皮質和基底神經節活動之間的相關性和健康人是不同的。強迫症患者有三個腦區異常活躍，會像一個壞掉的汽車防盜器一樣一直響，卻無法有效解除警報。儘管可能很刺耳，但是我們又都不能沒有防盜器。

心理學家史蒂芬‧赫特勒（Steven Hertler）說，強迫性特質的情感核心在於一種猛烈的焦慮緊張感，而正是這種緊張感，會刺激我們做出能夠保命的必要行為。

德國精神病學家馬丁‧布倫（Martin Brüne）說：「在所有演化出來的避害策略中，強迫症可謂是最極端的一種。」

20 世紀 80 年代，心理學中出現了一個新的流派──進化心理學。進化心理學以進化論為理論基礎，用適應的

觀點來解釋人類的心理機制及其行為方式。例如，現代職場中會有一大堆職業病，近視、椎間盤突出、頸椎病、關節炎、痔瘡，這些生理問題又會導致憂鬱、焦慮等等心理問題。

進化心理學認為，這是因為我們人類的生理和心理結構，不是按照「都市模式」設計的。一萬年前，我們在草原上圍捕獵物，在山洞裡躲避野獸，在森林裡撿果實，幾百萬年來，我們的身心都是為這種生活而設計的。但城市、職業、階級，這一切都來得太快，我們的基因還沒有反應過來。

而對強迫症來說也是一樣的。有的進化心理學家甚至認為人類的文明是過動症和強迫症創造的：過動症讓人類成為更優秀的獵人，而強迫症讓人類成為更優秀的農人。顯然，反覆強迫自己檢查某件事務，可以讓農作物長得更好，不斷強迫自己追求完美，能讓石斧更鋒利，鐮刀更高效，不斷洗澡、清潔，能帶動整個部落更衛生、遠離疾病。囤積癖也能更有效地管理整個部落的物資供應。

所以，強迫症的基因並沒有被自然選擇淘汰掉，而是

保存了下來，直到現在社會中，依舊強迫我們要更完美、更高效、更極致。

也許，每一個強迫症的念頭，都是被神選中後在腦海中產生的回音。正確地看待強迫症，你能順利適應也能更加強大。不過，如果你為此感到困擾，甚至已經無法正常生活，也請及時就醫，尋求專業人士和現代科學的幫助。

我曾經也有一個非常強迫性的習慣，我必須把錢包裡的每一張紙鈔都攤平、擺好、人頭朝向我。但最後，我被手機支付治好了。

06

你要看看太陽
飛向太陽的派克號

　　太陽究竟是什麼？人類有沒有可能夠登上太陽？就從從尤金・帕克發現太陽風，改寫人類對太陽對認知說起。

來自遠古的太陽崇拜

長江三峽西陵峽的東門頭遺址曾經出土過一件新石器時期的太陽崇拜文物——「太陽人」石刻。發現過程十分意外。

1998 年 10 月，湖北省文物考古所的東門頭考古隊在領隊孟華平的帶領下，抵達東門頭遺址。在這裡，他們找到了不少 7,000 年前人類生活留下的痕跡，出土了釜、缽、支座等陶器殘片。

一天，孟華平和一名同事像往常一樣，在遺址現場的亂石雜草間翻找，期望能有一些新的收穫。工作了半天，孟華平感覺有些疲憊，就坐在了一塊石頭上，想抽支菸休息休息，這時他的同事突然有所發現。

「華平，石塊上好像有字！」他們吃力地將這塊長 105 公分、寬 20 公分、厚 12 公分的灰色砂岩翻面，然後兩個人都驚呆了。

石塊上刻著一名身材修長的男子圖像，線條簡潔生

動。而最引人注目的，是男子的頭頂上刻著一個比他的頭還要大上一圈的太陽。這是目前中國發現年代最早的太陽崇拜文物。

宇宙星辰對於人類有著非凡的吸引力。無論是哪個時代和地域，幾乎每一個文明都在形成初期就開始了對於天空的探索，建立屬於自己的天文學。

而對於太陽的認知與探索，又是天文學中極為重要的部分。儘管這些先祖人類可能並不知曉太陽對於維持整個地球運轉的意義，但在他們眼中，太陽的升起就代表著溫暖與光明，代表遠離寒冷和那些潛伏在黑暗中的危險。對太陽的崇拜，幾乎可以說是人類的一種本能。

圖 2-12
「太陽人」石刻

太陽是什麼

在人類文明史上，人類總是把太陽放在特殊的位置，太陽崇拜的痕跡遍存於世界各地。

19 世紀自然神話學派的代表人物麥克斯·繆勒（Max Muller）提出，人類最早的崇拜形式是太陽崇拜，最早塑造出的神就是太陽神。人類學家愛德華·伯內特·泰勒（Edward Burnett Tylor）也說過，凡是陽光照耀到的地方，均有太陽崇拜的存在。然而太陽究竟是什麼呢？

太陽對我們來說是最重要的天體之一，有著太陽系中最大的質量，像發動機一般源源不斷地釋放著能量。約西元前 46 億年，太陽誕生。46 億年幾乎讓「西元前」這三個字失去了意義。太陽大概是我們能看到的最古老的東西之一。

太陽的誕生聽起來像是一件了不得的事情，然而天文學家推斷，在銀河系中，每年都會有 1 ～ 3 個太陽質量的恆星誕生。由此計算，你會驚訝地發現，如果把範圍擴大

到全宇宙，我們的宇宙裡每天都會誕生幾億甚至數十億顆恆星，這樣對比起來，太陽仿佛變得普通了起來。

太陽的形成過程十分複雜。簡單來說，原太陽不斷吸引周邊物質，自身溫度和壓力不斷增加，直到某一天，壓力大到可以使氫原子發生核聚變、產生氦，並釋放出巨大的能量，不斷散發著光和熱的太陽就誕生了。

人類對於太陽的研究從未間斷，對於太陽的認知也被不斷刷新。如今我們知道，太陽是一個巨大的球體，大約 3 ／ 4 是氫，剩下的幾乎都是氦，還有微量的其他元素。在高溫、高壓下，保持著將氫原子轉化為氦原子，並釋放出巨大能量的狀態。

飛向太陽

我們對太陽的認識並不是一蹴而就的。在亞里斯多德時代，人們相信天空中的一切應該都是完美的。因此，伽利略觀察到「太陽的汙點」——太陽黑子時，信奉亞里斯多德理論的教會並不承認他的發現。到了 20 世紀 60 年代，為了解決太陽中微子的問題，人們甚至對 20 世紀物理學的標準模型做出了決定性的修改。

如今，儘管人類已經多次進入太空，甚至登上其他星球，但從某種意義上來講，我們對太陽仍然所知甚少。因為，要對太陽進行近距離觀察，實在是太難了。

神話中，黃帝時期的夸父曾經試圖追逐太陽，而就在他即將觸及太陽的時候，因極度缺水乾渴而死，他的手杖化為了一片桃林，蔭澤後人。

2018 年 8 月 12 日凌晨 3：31，美國航太總署（NASA）送入太空的那台太陽探測器和神話中的夸父有著巧合般相似的命運。在 NASA 的「觸摸太陽」計畫中，這台探測器

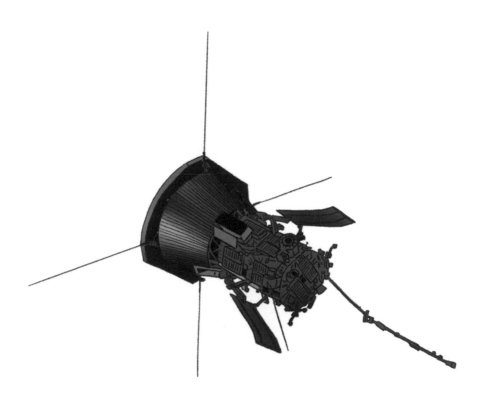

圖 2-13 　派克號」探測器

將深入太陽大氣，到達 100 ～ 200 萬℃高溫的日冕層，研究日冕和太陽風，為人類傳回寶貴的太陽資料，並最終在 2025 年 6 月完成任務，墜入太陽。

讓探測器直接進入目標中的太陽軌道所需要的能量過大，人類目前的火箭技術不足以支撐。所以，要先後 7 次利用金星的「引力彈弓」逐漸接近太陽軌道，在茫茫宇宙中漂泊 7 年，才能到達最終的位置。

這台探測器的速度高達 200 公里／秒，意味著從台北到屏東的距離，僅僅花費不到 2 秒的時間，這是有史以來速度最快的人造物。它將環繞太陽 24 圈，一點點接近日冕，最終進入日冕，而且還要不斷給人類傳回資料。要如何抵禦幾千℃的高溫呢？

幸運的是，在太空中的「高溫」和地球上並不一樣。太空中沒有大氣，分子間隔非常遙遠，因此在太空中，溫度並不等於熱量。經過複雜的計算，科學家認為探測器的防護罩只需要實際抵抗 1,400℃的高溫即可完成預定的任務。按照這個標準，NASA 的工程師們為探測器製造了一塊

盾牌。

　　盾牌的一面能承受 1,400℃的高溫，另一面則可以將溫度維持在 30℃以下，為探測器的設備運轉提供理想環境。

　　這塊凝聚著 NASA 黑科技的盾牌厚度為 11.4 公分，使用了碳／碳複合材料，這是一種由基體碳和碳纖維增強骨架構成的複合材料，有著良好的機械性能，並且耐熱、耐腐蝕，比重又輕，在此之前常被用於製造固體火箭發動機噴射管以及太空梭的結構部件。考慮到強烈的太陽射線可能會為盾牌帶來局部的超高溫，所以盾牌表面是絕對的白色，以反大部分太陽光。

　　經過反覆試驗，NASA 選中了一種基於氧化鋁的複合塗層，但這個塗層加工到碳／碳複合材料上以後，會不可避免地發灰，於是 NASA 又在其表面塗了一層比髮絲還薄的金屬鎢。為了防止盾牌表面塗層破裂，NASA 還在其中摻入了奈米材料，為光潔的鏡面製造出無數的小孔。

太陽探索者尤金・派克

　　這台探測器預計將在 2025 年 6 月 14 日最後一次（第 24 次）飛過近日點，在距離太陽表面 600 萬公里的地方為人類傳回最後的資料，這一距離大幅刷新了以往的所有紀錄，是地球到太陽平均距離（約 15,000 萬公里）的 1 ／ 25。在此之前，最接近太陽的探測器與太陽間的最近距離是 4,300 萬公里。

　　傳回資料後，它將耗盡燃料，燃盡盾牌，最終和太陽融為一體。

　　這台探測器被稱為派克號（Parker Solar Probe），這是 NASA 歷史上第一次用當時還在世的人的名字命名飛行器。這個名字來源於尤金・派克（Eugene. Parker 1927-2022），一位享年 95 歲的美國天文學家。

　　讓我們把時間倒回到 1956 年，那年，尤金・派克 29 歲，剛剛拿到博士學位，還在辛普森實驗室當助理。

　　派克的老闆約翰・辛普森（John Simpson）是一名高

能物理學家，曾任研發第一顆原子彈的「曼哈頓計畫」的組長。在完成了原子彈的研發任務後，辛普森志得意滿，傲視群雄，一種獨孤求敗的情懷油然而生。他告別實用領域，成了芝加哥大學空間與天體物理實驗室的創始人，醉心於自己喜愛的「日地物理」研究。

這天，從德國遠道而來的路德維希‧比爾曼（Ludwig Franz Benedict Biermann）博士向辛普森教授拋出了一個尖銳的問題：為什麼彗星的尾巴總是背向太陽？

嚴格來說，比爾曼並不是來跟辛普森求學問道的，他這麼做的目的其實是想展示一下自己最新的研究成果：太陽的大氣絕不是靜止的，它正在向外輻射某些物質，正是這些物質吹拂了彗星的尾巴。

確切地說，比爾曼是來尋求辛普森的支持的。在當時日地物理界權威西德尼‧查普曼（Sydney Chapman）的理論以及科學界的共識當中，太陽大氣的形態與地球相似，處於一種靜止的狀態。因此，比爾曼的新發現相當具有顛覆性，他需要一位地位上不遜於查普曼的大佬支持，比如

辛普森。

　　但是辛普森並不太接受比爾曼的理論，他甚至沒有親自閱讀比爾曼帶來的論文和資料，而是交給了自己的學生派克，希望派克能夠代他找到其中的問題所在，也許順便還能「救」一下「誤入歧途」的比爾曼。

　　派克謹遵老闆指示，踏踏實實地看起資料。然而出乎辛普森的預料——派克「投敵」了！他覺得比爾曼的理論是正確的。

　　對不到 30 歲，還未嶄露頭角的年輕的派克來說，這是一個風險極高的行為。尤其他面對的是世界上最權威的專家之一，同時這個人還是他的老闆。

　　不僅如此，派克又花了幾個月的時間，在比爾曼的理論基礎之上建立了新的太陽模型。他斬釘截鐵地對辛普森說：「比爾曼說的是對的，我們現有的理論都錯了。太陽的大氣不是靜止的，而是動態的。在高溫驅動下，整個日冕都在沸騰，有些東西被噴湧而出，雖然有時多，有時少，但從來不會消失。我，尤金・派克，決定把它叫作太陽風！」

太陽風來了

　　儘管當時人們已經知道太陽活動會對地球造成影響，比如著名的卡林頓事件：1859 年 9 月 1 日，業餘天文學家理查・克里斯多福・卡林頓（Richard Christopher Carrington）觀測到一團太陽黑子附近爆出了一團亮光，整個亮光持續了幾分鐘的時間；第二天，世界各地均有報導大量電報和電子設備工作故障，並且還出現了世界範圍的極光。

　　但人們並不知道太陽究竟是怎樣影響地球的，甚至更傾向於將這兩者之間的關係看作一種巧合。

　　儘管比爾曼和派克的理論可以解決這一問題，但因為和現有理論的衝突太大，顯得過於驚世駭俗，辛普森並沒有因此而改變他對於比爾曼和派克的理論的態度。相反，他警告派克，你發表論文我管不了，但是在發表相關論文的時候，不許提辛普森與實驗室的名字。這基本上就等於在對外宣告：「這小子的理論是未經我同意的胡說八

道。」

對派克而言，發表自己的理論變得困難重重。一個人微言輕、初出茅廬的毛頭小子，要怎樣才能在被大老闆公開批判自己的研究成果後，獨立發表一個對現有權威體系產生顛覆性改變的新學說呢？

儘管審稿人也無法在他的論文中挑出什麼錯誤，但他們僅憑「荒謬」二字就將派克拒之門外。然而派克不依不饒，憑著一腔熱血和一系列邏輯推演，繼續完善自己的理論，也不斷尋找著發表自己理論的機會。

兩年後，在一次公開課上，派克堵住了《天體物理學雜誌》（*Astrophysical Journal*）的主編推銷自己的論文。主編掌握著論文的生殺大權，他憐憫地看著這個愣頭小子，仿佛看到了曾經年輕氣盛、無所畏懼的自己。

他說：「尤金，我也覺得你是在胡扯。但我還是願意給你一個機會。」

這篇歷經坎坷的論文終於在 1958 年發表了。論文發表後，派克的處境並沒有好轉：根本沒人理他，他甚至沒

遭到什麼批評，這比被全學術界群起而攻之還要糟糕。但是，派克也是幸運的，他生在了一個好時代，一個人類仰望星空的時代！

在痛苦中，派克從人類剛剛擁有的航天能力上看到了一線生機。他寄希望於在太空中競賽的美蘇太空船讓他證明。不到一年，證據從天而降！

1959 年，蘇聯的月球 3 號測量到了太陽風的存在，發現這是一種 300 公里／秒的帶電粒子流。

1962 年，美國的水手 2 號的測量資料證實了太陽風——太陽風的速度在 400 ～ 700 公里／秒間變化，但從未中斷過。

太空不空，太空中充滿了熱鬧的太陽風！此時，科學界才想起來芝加哥大學還有一個派克，他在幾年前就已經看穿了這一切。

當然，即便是基於派克的理論，關於太陽我們仍然能列出數不清的問題：為什麼日冕比太陽表面高出幾百萬℃？太陽表面僅幾千℃的低溫區域是如何維持核聚變的？為什麼會有太陽風？為什麼太陽風愈往外速度愈快？

為什麼太陽風能被加速到超聲速？……

　　為什麼 NASA 會將這個耗資 15 億美元的探測器以尤
金・派克的名字命名？正是因為他改變了人類對太陽的認
知，是他發現了太陽風，並根據太陽風這個事實，提出了
前面那些顛覆性的問題。而 NASA 對派克號寄予厚望，
希望它能夠幫人類回答這些問題，進而幫人類重新理解太
陽。

　　在派克號探測器的盾牌後面，是廣角相機、探測儀、
增益雷達和天線等設備，盾牌恰好為相機和探測儀營造出
了一個「人工全日食」的條件，讓設備能清楚地觀測太陽
風和日冕。而在派克號最核心的地方存儲著一塊晶片，其
中存儲著「觸摸太陽」計畫中 1,137,202 位工作人員的名
字，以及 1958 年派克那篇關於太陽風的論文。

　　這是 21 世紀人類對太陽的一場「獻祭」，就像在遠古
之初一樣，就像夸父追日一樣，就像海子的詩歌一樣——
你來人間一趟，你要看看太陽。

Part 3

奇葩的人類黑歷史

01

塑膠微粒
隱藏在身邊的「殺手」

　　猜猜未來的 50 年裡，人類可能會面臨的最大威脅是什麼？核戰？喪屍潮？危險而不計後果的科學實驗？甚至小行星撞擊地球，或者，超新星爆炸？

第四王國

在我們身邊有一個隱形「殺手」，已經潛伏了 100 多年，但因為離我們太近，和我們的生活太密切，以至我們很難注意到它的存在。科學家們也是直到最近十幾年，才開始關注。

然而，科學研究結果顯示，如果 2050 年之前還無法控制這個隱形殺手，人類可能會在接下來的幾百年中，被一步步吞噬，直至滅亡。有人問科學家，我們有什麼方法可以對付這個隱形殺手嗎？科學家回答，沒有辦法。

我們就來聊聊這個隱形殺手 —— 塑膠微粒（Micro-plastics）。

先讓我們來到一切的起始點，1907 年。就在這一年，一個叫李奧・貝克蘭（Leo Baekeland）的美國人發明了從石油中提取塑膠的技術。他欣喜若狂地向全世界宣布了自己的新發明，將廣告語「第四王國，疆域無限」刊登在世界各大報紙之上。他說他所發明的塑膠打破了地球原有的動

物、植物、礦物的三界分類，為人類打開了第四王國的大門，這將是一個嶄新的世界，而塑膠將是「用途無盡的材料」。

貝克蘭對自己新發明的預言完全正確。之後的幾十年裡，塑膠被不斷創新。這是一個堪稱偉大的發明，像是一個擁有無限可能的材料，很快便無處不在，搖身一變，成了電話、收音機、咖啡壺、珠寶，甚至還是第一顆原子彈的關鍵材料。

1959 年，瑞典工程師圖林（Sten Gustaf Thulin）設計出用塑膠製作袋子的工藝。圖林當時聲稱，這項發明將拯救地球，因為有了塑膠袋，人們就不用再砍伐樹木製造紙袋，而製造 1 個紙袋的能源，能製造出 1,000 個塑膠袋。

塑膠的出現徹底改變了我們的生活。試著想像一下，每天從早上起床開始，你所觸摸到的東西中有多少塑膠製品？如果它們突然消失，恐怕會是一場全球性的災難。

塑膠容易生產、便宜、輕巧，有著無可比擬的可塑性，而且確實極為方便。正因為輕巧便利，我們習慣隨

手開一瓶礦泉水或拿一個塑膠袋；正因為便宜易得，我們也習慣於隨手將只使用過一次的塑膠瓶和塑膠袋扔進垃圾桶。

然而塑膠穩定的性質不僅使塑膠用途廣泛，還難以降解。一個最常見、最普通的聚乙烯塑膠袋，都可能需要數百乃至上千年才能被大自然完全分解。

塑膠帶來的不只是便利，還有死亡。科學家剖開一隻死去海鳥的肚子，在裡面發現了 234 塊塑膠。這隻海鳥的肚子裡已經沒有留給食物的地方了，這些塑膠總重量占這隻鳥體重的 15%，相當於在正常成年人的腸胃裡塞了 10 公斤塑膠，大約 400 個空保特瓶。牠是被餓死的，也是被塑膠活活撐死的。

甚至連不會飛、不會走的小鳥寶寶也未能倖免。因為牠們要靠著爸爸媽媽外出覓食後，帶回來的那些未完全消化的食物獲取營養長大。但鳥爸鳥媽大概自己也不知道，餵給寶寶的除了魚、蝦和螃蟹，還有大量的塑膠碎片。在一個鳥寶寶的肚子裡，科學家們曾發現 276 塊塑膠殘片，而這隻小鳥剛剛出生 90 天，還沒有學會飛翔。

垃圾群島

不僅僅是這些飛行數千公里穿越海洋的鳥類，其他海洋生物的生存同樣受到來自塑膠垃圾的嚴重威脅。2018 年夏天，泰國南部海岸，一頭小鯨魚被沖上海岸，經過 5 天的搶救，這頭鯨魚吐出了 5 個塑膠袋，最終死於營養不良。工作人員剖開牠的肚子，發現了 80 多個塑膠袋，總共有 8 公斤重。而且，這根本不是個例。

為人類提供愈來愈多的便利的同時，塑膠對於環境的破壞問題也愈加嚴峻。在美國和日本之間，有一片誰也不知道有多大的塑膠「大陸」，這就是太平洋上的「垃圾群島共和國」（Trash Isles）。

2018 年的一次科學考察中，科學家在這裡打撈到了 20 世紀 70 年代的啤酒箱、80 年代的安全帽，還有 90 年代的遊戲機。

更可怕的是，全球至少還有 5 個這樣的塑膠「大陸」，太平洋上兩個，大西洋上兩個，印度洋上一個。

我們的海洋早就成了一鍋塑膠濃湯。

更可怕的是，自人類發明塑膠以來，我們在海洋中遺棄的塑膠實際上比那幾個「大陸」加起來還要多得多。過去很長一段時間中，有一個謎題一直困擾著科學家們：能在海洋中觀測到的塑膠垃圾的總量，遠遠低於我們向海洋中遺棄的塑膠垃圾的數量。但是，那些「消失」的塑膠去哪裡了？難道是大自然用某種方法把塑膠降解了嗎？

圖 3-1 漂浮在海面上的垃圾

生物放大作用

　　普利茅斯大學的海洋生物學家湯普森（Richard C. Thompson）揭開了謎底。他在《科學》雜誌上發表了一篇論文，其中提出了一個新的概念：塑膠微粒，指的就是直徑小於 5 公厘的塑膠碎片和顆粒。他認為，這些消失的塑膠並不是被降解了，而是變成了微小的塑膠顆粒，懸浮在海洋當中湯普森還在論文中指出，2004 年在英國的各大海灘上，就已經出現了塑膠微粒的蹤跡，他甚至在幾十年前的微生物樣本中也找到了塑膠微粒。

　　生物與生物之間，有著一種模糊而緊密的關係——生物鏈。簡單來講，就是各種生物經由吃與被吃的關係聯繫在一起。

　　在微生物中找到塑膠微粒意味著什麼？這意味著消失的塑膠可能已經積累在海洋生物的體內：浮游生物會將塑膠微粒當作藻類誤食；一隻小蝦吃掉了一些浮游生物，在體內累積了一份塑膠微粒；一隻小魚吃掉了三隻小蝦，體

內就有了三份塑膠微粒；一隻大魚吃掉了五隻小魚，體內
就有了十五份塑膠微粒……就這樣一層一層地積累起來，
最終，海洋裡越是食物鏈頂端的動物，體內的塑膠微粒愈
多，這就叫「生物放大作用」。

無處不在

科學家們對塑膠微粒又進行了進一步的研究，得出三個可怕的結論：

① 塑膠微粒粗糙不平的表面會吸附水中的有毒物質，並在動物體內持久釋放毒性。

② 塑膠微粒吸附的毒性可以使虎鯨的生育能力下降，同時還會導致虎鯨免疫功能紊亂，甚至還能讓本該被轉化成肌肉的能量轉化成脂肪，導致肥胖。

③ 塑膠微粒會使浮游生物繁殖速度大幅減緩，即便是只有親代接觸過塑膠微粒，沒有接觸過塑膠微粒的子代也出現了繁殖能力降低的情形，並且直到徹底與塑膠微粒隔絕 7 代以後，其繁殖速度才能逐漸恢復到原先的水準。

結果出乎意料地嚴重，讓科學家們倒吸一口涼氣。

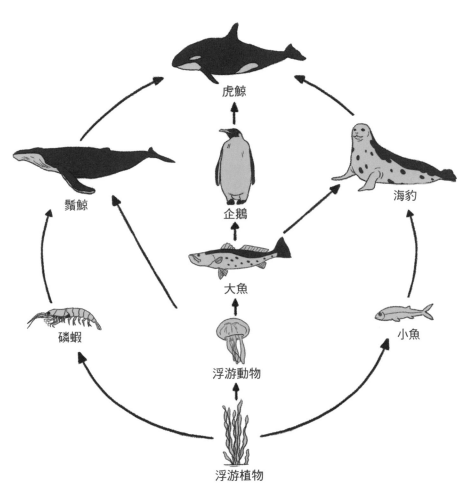

圖 3-2　海洋生物鏈

　　既然生物鏈中的頂級消費者虎鯨都已經受到塑膠微粒的影響，那同樣食用海洋生物的人類，是否也不能倖免？

　　當我們意識到塑膠微粒存在的時候，它已經無處不在了。

　　2019 年 1 月，科學家們從北極圈的 5 個採樣點鑽取了數百個冰芯，檢測結果顯示平均每升冰當中，含有塑膠微粒顆粒高達 8,000 個。北極正變成世界上塑膠汙染最嚴重的地方之一。

　　同年 10 月，科學家們在南極圈內的兩個島上收集了 80 隻企鵝的糞便。結果顯示，平均每 10 克企鵝糞便中，就有 1 ～ 3 個塑膠微粒顆粒。作為南極食物鏈的頂端物種，企鵝的體內有塑膠微粒，說明南極已經被塑膠微粒所汙染。

　　要得出這個結論，甚至不需要去觀察企鵝的糞便。南極周邊，平均每噸海水中含有高達 2.2 萬個塑膠微粒顆粒，這比科學家預計中的壞消息更壞，超出了他們預期的 5 倍。

　　南北極都已經淪陷，地球上是否還留有淨土？那些人

跡罕至的地方能倖免嗎？科學家們想起了世界上最高的山峰——珠穆朗瑪峰。

在分析了登頂路線上採集的 11 個雪樣和 8 個溪水樣本之後，科學家們在每一份雪樣和其中 3 個溪水樣本中發現了塑膠微粒，其中包括海拔 8,440 公尺的珠峰平台——這也是全球已知塑膠微粒的最高分布海拔。科學家們還發現，在珠峰大本營附近，也就是人類活動相對更多的區域，塑膠微粒密度尤其之高。

科學家們又想起了世界上最深的海溝——馬里亞納海溝。

這裡可能是人類最難以到達的地方之一，來過這裡的人比去過月球的人還少。英國皇家學院的科學家們在馬里亞納海溝 10,890 公尺深的海底設置了檢測點。結果，從這裡捕捉的浮游生物，平均每隻體內有 3.3 個 ±0.7 個塑膠微粒顆粒。

科學家們繼而對另外 5 個海溝進行了同樣的調查，結果發現，同樣全部被汙染了。研究甚至顯示，在一些地區，海洋中塑膠微粒的數量甚至超過了浮游生物的數量。

　　科學家們得出了令人絕望的結論：塑膠微粒極有可能
已經汙染了整個地球。南極、北極，高山、深海，這些無
處不在的塑膠微粒從何而來？

　　這個問題那麼自然，又有一些荒誕。地球並不會自己
製造塑膠，它只是塑膠的搬運工。塑膠，當然是人類自己
製造出來的。

塑膠循環

無處不在的塑膠微粒，有些是被我們直接製造出來的，比如某些洗面乳或牙膏中的「磨砂微粒」，汙水處理攔不住這些微小的塑膠珠，經過下水道，進入河流，進入大海，跟著洋流和風雨環遊世界。

是不是禁止製造這些小顆粒就可以徹底解決問題呢？

當然沒有這麼簡單。因為那些大塊的塑膠，也會在紫外線照射、海浪的拍打以及鹽分腐蝕等作用之下，分解成「塑膠微粒」。

而我們前面已經說過，海洋中這些「大塊塑膠」的數量，早已多到超乎想像。

這些塑膠垃圾要花上幾百年才能被分解，但很容易分崩離析成更難收集處理的塑膠微粒顆粒。

人類並沒有在其中倖免於難。

2017 年，科學家檢測了全球 14 個國家的自來水樣本，其中超過 83％的樣本中含有塑膠微粒。

2018 年，科學家檢測了全球 21 個國家的 39 種食鹽樣本，超過 90％的樣本含有塑膠微粒。同年，科學家檢測了全球 9 個國家 11 種瓶裝水樣本，超過 93％的樣本中含有塑膠微粒。

幾年以前，維也納醫科大學主持了一個實驗，他們從 8 個不同的國家招募了 8 個年齡在 33 ～ 65 歲之間的實驗對象。這些人被要求嚴格記錄下他們一週內的飲食，不僅包括食物的原料，還包括食品的包裝材質、烹飪方法等，甚至就連嚼了幾顆口香糖都不能遺漏。

一週後，他們將自己的飲食清單和糞便寄送到了維也納的實驗室。這 8 名參與者的糞便中都檢測出塑膠微粒，平均每 10 克糞便中約有 20 個塑膠微粒顆粒。

後來，科學家又在世界各國不斷重複著類似的實驗。陸續有報導顯示，不論我們在個人層面上如何選擇避免攝入微塑膠，塑膠微粒入侵人體都已是不可避免的事情。據科學家們的保守估計，全球 70 億人當中，至少有 26 億人已經暴露在塑膠微粒的汙染下生活超過 10 年。尤其是在城

市裡，平均每個人每週會經由各種途徑攝入 2,000 顆塑膠微粒，相當於生啃了一張信用卡。

雖然關於塑膠微粒毒理的研究目前仍然更多集中在魚類及無脊椎動物上，還沒有塑膠微粒會直接對人體造成什麼傷害的研究結論，我們只能猜測塑膠微粒的危害很有可能取決於閾值：只有在超過某個數值後才會真正影響我們的健康。

但最小的塑膠微粒已經侵入了人的血液、淋巴系統甚至肝臟，想到我們的身體中有小小的塑膠正在隨著血液流淌，也是一件令人有些不寒而慄的事情。

我們扔掉的塑膠，最終竟是以「吃回來」的方式回到了我們身邊。從這個角度講，作為地球食物鏈最頂端的物種，人類搞不好是最有效的「塑膠微粒收集器」，大自然正在用人體回收這些垃圾。

米達斯王

　　米達斯王是希臘神話中的弗吉里亞國王。他曾經給予酒神一些幫助，作為報答，酒神許諾會滿足他一個願望。貪戀財物的米達斯王表示，自己希望得到點石成金的能力。

　　酒神答應了他的請求，米達斯王興奮地回到王宮試驗著自己新獲得的能力，他的床鋪、地板、家居、宮殿全都變成了金子。在王宮裡瘋點了一圈的他感到餓了，然而當他拿起食物時，發現食物也變成了金子，而金子是不能吃的。這時，他的小女兒來到他面前，國王高興地抱起心愛的女兒，卻因為手指碰到她，將她變成了一尊金雕像……

　　這個時候，米達斯王才意識到，自己成了最富有的人，也註定將在金子中被餓死。

　　就像米達斯王獲得了那根點石成金的手指，自從掌握製造塑膠的方法，人類似乎就在將地球不斷「塑膠化」的道路上一去不返。神話中的米達斯王最終求得神明收回了

他的點金術，我們又要去求誰呢？

我們只能求自己：我們可以試著改變自己的生活方式，減少垃圾的產生，減少對於一次性塑膠製品的使用，或者至少不那麼「一次性」的東西。經由這樣的方式，多少能夠減緩並盡可能地減少塑膠微粒，為所有人類和整個地球帶來的傷害。

發明了塑膠袋製作工藝的工程師圖林的兒子，他在接受採訪時告訴記者時表示，爸爸完全沒有想到，人們會以「用完就丟」的方式來使用塑膠袋，他爸爸的衣服口袋裡總是裝著一個折起來的袋子。

惡魔核心
用手掰開原子彈

科學家用手掰開原子彈防止爆炸,是真的假的?關於
原子彈的真實故事。

1945 年 8 月 6 日，一架 B-29 戰機飛過日本廣島，機上的視準儀對準了廣島市一座橋的中央。

從長崎來廣島出差的山口疆剛一出門，就看到了炫目的白光，隨後而來的巨大的聲響和滾滾熱浪將他掀翻在地。

如果我們把鏡頭再拉遠一點，就能看到那朵著名的蘑菇雲拔地而起。爆炸核心溫度高達 6,000℃，比太陽表面的溫度還要高，瞬間將周圍包括人體在內的一切物體湮滅成了塵土。巨大的衝擊波使整個廣島幾乎被夷為平地，僅 6 日當日，廣島的死亡人口超過 8.8 萬。

山口疆奇跡般地在廣島核爆中生還，並於 8 日回到了位於長崎的老家。就在他第二天回公司報告廣島的出差情況時，熟悉的白光再次出現，山口又一次暈了過去，等他醒來，長崎也成了一片廢墟。9 日這一天，整個長崎有將近一半的人口失蹤或傷亡。但山口疆又一次在爆炸中倖存，並在經過短暫的康復期後，堪稱奇跡地痊癒，活到了 94 歲。

當然，並非所有人都像山口疆那樣有著傳奇的運氣，

能在經歷兩次核爆後倖存。畢竟就算是身處實驗室、遠離戰場的科學家們，有時也會被這惡魔一般的能量吞噬。

　　原子彈恐怕是知名度最高的大規模殺傷性武器，也是迄今為止，在實際戰爭中使用過的最可怕的武器，沒有之一。原子彈為什麼會有這麼大的威力呢？其巨大的能量來自原子核的分裂。我們知道，原子是由原子核和電子組成的，原子核又由質子和中子構成，它們之間存在著巨大的吸引力。

　　當我們用中子轟擊重原子核，也就是質量比較大的原子核時，可以分裂為多個質量較輕的原子核，並釋放出巨大的能量，這個過程就是核分裂。原子彈就是利用了核分裂釋放能量的原理。

核分裂的連鎖反應

　　質子數相同而中子數不同的幾種原子被稱為同位素，例如在自然界中，氫就以 ^1H（气）、^2H（氘）、^3H（氚）3 種同位素的形式存在。

　　科學家們最初為原子彈選擇了鈾的同位素 ^{235}U。天然礦石中有鈾的 3 種同位素 ^{234}U、^{235}U 和 ^{238}U 共生，其中最多的是 ^{238}U，^{235}U 的含量相對比較低，只占大約 0.7％。但是 ^{235}U 是一種非常特殊的存在，相較別的元素，甚至包括其他兩個同位素，非常容易發生分裂，^{235}U 在被中子撞擊後，即使吸收了低能中子，也會發生裂變。可以分裂成 Ba 和 Kr，並釋放出 2～3 個中子和大量能量。

　　我們可以設想，假設我們擁有足夠多的 ^{235}U，只要一開始能使一個 ^{235}U 被中子撞擊，這次撞擊所產生的 2～3 個中子又會去撞擊其他的 ^{235}U，繼續產生更多的中子……如此往復，就形成了鏈式反應。反應過程中會釋放出巨大的能量，而且由於每次裂變之間間隔的時間極短，所以巨

大的能量是在瞬間被釋放出來的，這也就是原子彈爆炸巨大能量的來源。

除了 U，科學家們後來還發現 Pu 等其他元素的性質同樣可以滿足原子彈的需求，因此這些元素也會被應用在核彈製造當中。

原子內部非常空曠，想讓中子準確地撞擊原子核是非常困難的。

簡單來說，就像在一個大體育場中，要隨機扔出一個乒乓球去砸一個網球是很難的，但是如果增加體育場中網球的數量，那隨便扔出乒乓球就能砸到網球，網球愈多，機率愈高。這個夠多的 ^{235}U（網球）就被稱為臨界質量，也就是說，只有當 ^{235}U 的質量達到臨界質量時，才能發生鏈式反應。

在核電廠中，經由一系列手段，鏈式反應被維持在一個可控的臨界狀態，釋放出來的中子數保持穩定，就能可控地釋放能量。但如果是在核彈中，往往會在超臨界狀態下進行反應，釋放的中子數不斷增長，從而達到在瞬間產生巨大能量，也就是爆炸的目的。

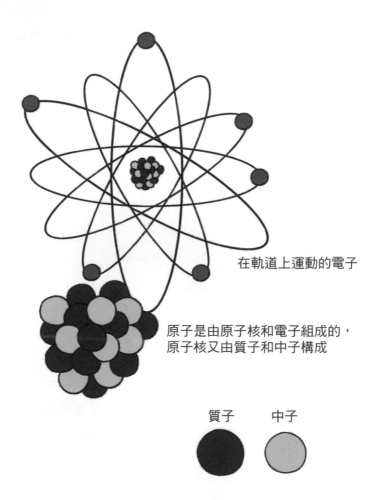

在軌道上運動的電子

原子是由原子核和電子組成的，
原子核又由質子和中子構成

質子　　中子

圖 3-3　原子的結構

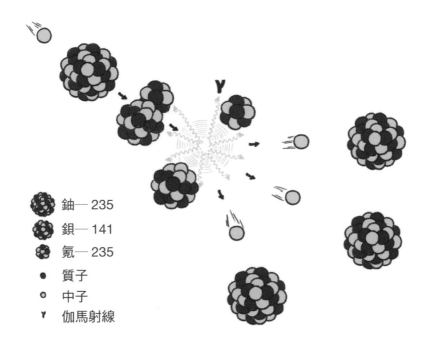

鈾—235

鋇—141

氪—235

● 質子

○ 中子

γ 伽馬射線

圖 3-4　鏈式反應

4 顆核心

　　1941 年末，經歷了珍珠港事件後，美國加入了第二次
世界大戰，向納粹德國宣戰。一些科學家在得知德國的原
子能武器計畫之後，向美國政府提議，要先於德國研製出
原子彈。

　　1942 年 6 月，美國陸軍部啟動了利用核分裂反應來製
造原子彈的計畫，又稱曼哈頓計畫。可以說這個工程集合
了當時除德國外，西方所有頂尖的核子物理學家。

　　在曼哈頓計畫中，美國在機密狀態下製造的 4 顆原子
彈核心：

　　零號核心：代號小男孩，1945 年 8 月 6 日，在廣島爆
炸。

　　第一核心：代號大男孩，這是一顆實驗彈，1945 年 7
月 16 日爆炸於新墨西哥州的沙漠深處，也是世界上爆炸的
第一枚原子彈。

　　第二核心：代號胖子，1945 年 8 月 9 日，在長崎爆

炸。

第三核心：代號魯弗斯（RUFUS），但後來有了一個
更廣為人知的外號——惡魔核心。

這裡面最有名的當數在廣島和長崎爆炸的「小男孩」
和「胖子」。其中「小男孩」的核心使用的是 ^{235}U，「胖
子」使用的是另一種元素 ^{239}Pu。

解密資料中顯示，在最壞的計畫中，美國是準備讓這
4 顆核心分別在廣島、長崎、新潟和小倉爆炸。但是，在
「胖子」爆炸不到一週後，8 月 15 日，日本投降。最後這
顆核心魯弗斯沒有參戰，被送回了新墨西哥沙漠裡的洛斯
阿拉莫斯（LosAlamos）實驗室。就是在這個不起眼的沙漠
實驗室中，人類掌握了能夠摧毀自己的力量。

這顆代號魯弗斯的核心重 6.2 公斤，由兩個鈈—鎵半
球組成，直徑 8.9 公分。在這裡成了美國科學家用來進行
臨界實驗的工具，這個實驗是為了測定核分裂物質的臨界
點。

這是個危險的實驗，因為科學家們需要測定多少通量

的中子才能讓魯弗斯的鏈式反應啟動，而鏈式反應一旦啟動，就會釋放出超強的能量和輻射，把現場變成一個車諾比核災現場，殺死周圍所有的人。

曼哈頓計畫的資料解密後，歷史學家韋勒斯坦（Alex Wellerstein）為圍繞著魯弗斯核心的故事起了一個名字：第三核心的復仇。

8月21日，日本還沒有在投降儀式上正式簽字，魯弗斯核心就出事了。

這天晚上，新墨西哥實驗室的科學家們都早早下班一起去喝酒了，整個實驗室只留有一位警衛值班。但一位叫哈利・達里安（Harry Daghlian）的科學家，不知喝了多少酒之後突然有了靈感，一個人趕回實驗室打算繼續做實驗。

達里安想做的是這樣的實驗：將魯弗斯核心的鈽─鎵合金半球契合在一起，使其進入亞臨界狀態，向外發射中子。接著用可以反射中子的碳化鎢磚塊把魯弗斯核心圍起來，這些磚塊能夠反射魯弗斯核心在亞臨界狀態釋放出的中子射線，使其逐步接近臨界狀態。經由控制碳化鎢磚塊

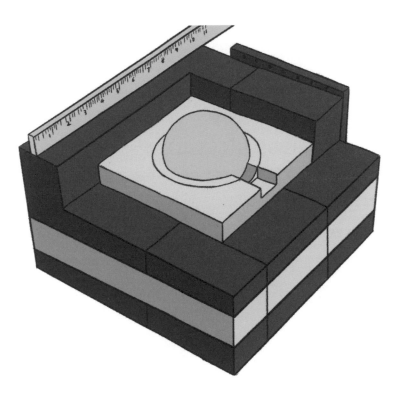

圖 3-5　魯弗斯：惡魔核心

為中子留出的經由縫隙，就可以控制回流到核心的中子數量，從而來控制確保魯弗斯核心不會進入臨界狀態而產生無法控制的鏈式反應。

達里安很專心，因為他需要用雙手控制中子回流的數量，一點一點地逼近臨界點，從而獲取其中的關鍵資料。他必須精準地控制反射板，也就是那些碳化鎢磚塊，給中子留出一個愈來愈小的通道，但又千萬不能讓中子全部流回核心當中。

看描述你可能覺得沒什麼，但這個實驗極為危險，相當於徒手控制核反應。可能是因為同樣的實驗達里安已經做過幾十次，他相信自己的雙手，相信這次同樣不會有意外發生。

然而意外還是發生了，達里安手一抖，一小塊沒拿穩的碳化鎢掉到了金屬球上，聲音很大，更不巧的是這塊碳化鎢恰好堵住了能讓中子流出的那個空隙。大量的中子湧向核心，示波器瞬間爆表，幽藍色的輝光出現，魯弗斯核心立刻進入了臨界狀態。

　　達里安沒有思考的時間，他顧不上那麼多了，直接伸手一把將那塊碳化鎢撈了上來。中子又順利地流出了，示波器資料恢復正常，但此時的達里安已經不是原來那個健康、正常的達里安了，他已經承受了致死量的輻射劑量。

　　這時警衛似乎也發現了一些異樣，他站起身，有點不耐煩地問達里安剛才是不是出了什麼事，要記得填事故報告。達里安這才想起來屋裡還有個警衛，他急忙對警衛大吼「出去，快點出去」。

　　警衛不知道，剛剛一瞬間，他的身體已經遭受中子輻射轟擊。而達里安靠得更近，他的身體受到的輻射劑量超標幾十萬倍。他的 DNA 已經斷裂，免疫系統已經崩潰，他已經是個活死人了。幾小時後，達里安那隻相當於掰開原子彈的手滿布水泡、慘不忍睹。

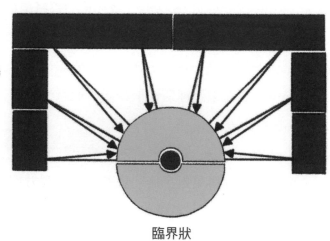

碳化鎢磚塊

碳化鎢磚塊

臨界狀

圖 3-6　達里安的臨界實驗

死神力量

25 天以後，年僅 24 歲的達里安死於輻射性中毒。而那位不知情的警衛則在 33 年後死於急性白血病。

自從達里安出事以後，美國軍方就規定，超臨界實驗必須在至少兩位元科學家在場的情況下才能進行，所有的示波器都要加裝警報系統，安保措施也必須加強。但美國軍方忘了規定，科學家們不得用雙手直接進行實驗操作。

接替達里安實驗的科學家是路易斯·斯洛廷（Louis Slotin），他似乎並沒有從達里安的事故中得到什麼教訓，反而更加大膽狂妄。

斯洛廷有著聽起來就十分彪悍的人生。他讀大學時做過業餘拳擊手，打遍各大高校無敵手；大學畢業後他去西班牙打過仗，幫英國皇家空軍測試過新型戰鬥機，當然，還參與了曼哈頓計畫中原子彈的組裝工作。

那年年他 35 歲，總是穿著那身標誌性的藍色牛仔褲和牛仔靴出現在實驗室，手拿一個螺絲刀去做實驗，好像對

原子彈充滿了不屑。斯洛廷將達里安的實驗進行了升級。他用鈹元素做成兩個半球罩子罩住魯弗斯核心，一隻手按在半球罩子上，另一只手用螺絲刀撬開兩個半球，就這樣憑手感控制半球的縫隙，也就是控制中子的流量。

可以想見，如果他的螺絲刀打滑，使半球的縫隙突然閉合，那麼中子流將全部流回核心，魯弗斯核心將瞬間達到臨界狀態，並且在這種無死角的罩子裡，臨界狀態下的分裂反應會比達里安實驗更加猛烈，那麼出現的中子輻射自然也就更為猛烈，後果也會更加嚴重。

當時另外一位參與過曼哈頓計畫的大佬物理學家恩利科·費米（Enrico Fermi），也就是鏈式反應的發現者，曾警告斯洛廷：你這是在搔弄一條睡龍的尾巴，如果不立刻停止這樣做，你根本活不過一年。

但是，斯洛廷對自己的螺絲刀技術十分自負，甚至還先後十幾次在很多人面前表演他這個「搔弄龍尾」的雜技。像那句老話所說，出來混遲早要還的。

1946 年 5 月 21 日，實驗室中又出現了那抹惡魔般的

藍色光芒。

這天，斯洛廷仍像往常一樣，用他的螺絲刀控制著中子流。實驗室中共有 8 位科學家，各司其職。斯洛廷小心翼翼，一點點地縮小著能讓中子經由的縫隙，資料也一點點被記錄下來。

實驗已經接近尾聲，一位科學家在拿表單時，打翻了表單上的咖啡杯。這個咖啡杯把所有人都嚇了一跳，斯洛廷也不例外，他手一抖，螺絲刀打了滑，兩個半球被合上了。示波器瞬間爆表，藍色輝光照亮了整個實驗室。

斯洛廷站起身，想都沒有想，頂著熱浪，立刻伸手掰開了兩個半球。藍色輝光消失，裂變停止。整個過程可能還不到半秒的工夫。斯洛廷看看自己的手，他知道自己沒救了。

但這時他突然大喊，要所有人不要動，然後把粉筆扔給大家，讓大家標記上自己受到輻射轟擊時的具體位置。接著，斯洛廷開始在黑板上寫公式、計算輻射量，他要趕在自己身體崩潰前，給醫生留下一筆第一手的醫療線索。

算完以後，他扔掉粉筆說：「沒有人受到致命的輻射

量,除了我。」接著,他點上一根菸,又說:「我死定了。」

剛剛離開實驗室,斯洛廷就開始嘔吐,他嘴裡愈來愈酸,就像含著個大檸檬。醫院裡很多志願者願意為斯洛廷捐血。但沒用了,輻射已經摧毀了他的 DNA,他的身體無法製造新的細胞,免疫系統已經崩潰,但他的意識還清醒,只能眼看著自己的身體一點點垮掉。

事故發生的第 9 天,斯洛廷在醫生為他特製的氧氣帳篷中離開了這個世界,年僅 35 歲。

此時,達里安事故也僅僅過去 9 個月,又一個頂尖科學家被這顆核心奪取了生命,科學家們開始敬畏、恐懼這顆核心,再也沒有人叫它魯弗斯核心了,大家不約而同地稱呼它為「惡魔核心」。美國軍方則再一次修改了安全規範條例。

當天在場的另外 7 位科學家,也都或多或少受到了影響,他們中的很多人也因急性白血病等血液疾病過早離世。後來醫生們認為,如果不是當時斯洛廷用身體擋住了大部分輻射,在場的另外 7 個人在劫難逃。也是斯洛廷及時用手掰開兩個半球,才沒有導致更嚴重的後果。

　　但同樣不可否認的是，達里安和斯洛廷無視科學實驗的安全規範條例，對於原子能這樣巨大而難以控制的能量缺乏敬畏，才是導致「惡魔核心」出現事故的主要原因。雖然他們在捅了婁子之後，都選擇了犧牲自己挽救別人，但其實也只是在為自己的作死行為做出彌補。

　　據各國已經解密的資料統計，從 1945 年到現在，全世界發生過 60 起類似的事故，共直接造成了 21 人死亡，而像惡魔核心的事故中那樣，可能因為遭受輻射而導致血液疾病去世的人數，則無法進行統計。

　　也許，就像「原子彈之父」羅伯特・奧本海默（Julius Robert Oppenheimer）說的那樣，原子能是人類難以駕馭的死神力量吧。

黑暗的過去

違背倫理的三大心理學實驗

　　把人當做實驗對象，到底是考驗人性，還是泯滅人性？

亞當和夏娃的語言

　　幾百年前，神聖羅馬帝國的腓特烈大帝想要研究一下
人類最初的語言。當時沒有任何可靠的理論指導，他憑本
能設計了一個實驗：他找來了 50 個剛剛出生不久的嬰兒，
將他們聚集到一起，又指派了幾位養母來照顧這些孩子。

　　他設定的實驗規則是，任何人都不許與這些孩子有任
何互動，不能看孩子的眼睛，不能對著孩子笑，儘量不觸
碰孩子，更不能對孩子說一句話。也就是說，養母們只負
責照顧這些孩子餵食、洗澡等最基礎的生存需求，而不能
和他們有任何額外的接觸。

　　腓特烈大帝想要看看這 50 個嬰兒長大後，將會自然發
展出什麼語言——他認為這個語言一定就是亞當和夏娃的
語言。但是，實驗的結果讓人意外而難過：這 50 個小孩都
在 1 歲生日前去世了。

　　當然，在腓特烈大帝的時代，恐怕連心理學的概念都
還不存在，就更不用說什麼實驗倫理了。在早期的心理學

研究中還真有著不少像這樣，以我們如今的眼光看來十分
「黑暗」的歷史。

恐懼實驗

美國心理學家約翰·華生（John B. Watson）是行為主義心理學的創始人。他認為心理學研究的對象不是意識而是行為，應該使用自然科學常用的觀察法和實驗法來進行研究，在使心理學客觀化方面發揮了巨大的作用。

然而，這樣一個心理學史上的「大神」，也有著自己的黑歷史：小亞伯特，這也是心理學史上最具爭議的實驗之一。

20 世紀 20 年代，巴甫洛夫早已在關於狗的實驗上發現了條件反射：就是我們國中課本中那條聽到鈴聲就會流口水的狗。但「在狗身上獲得的認知，是否可以應用於人」這個問題一直困擾著他。

為此，華生設計了一個實驗。1920 年，他找來了一個只有 8 個月大的嬰兒，就是小亞伯特（Little Albert）。華生選擇小亞伯特是因為覺得他「鎮定且被動」，是極好的實驗樣本。另據傳言，小亞伯特的母親是一個兒童醫院的工

作人員，她以每天一美元的報酬答應了讓自己的孩子參與華生的實驗。

華生先是讓小亞伯特接觸各種物品，包括棉絮、燃燒的報紙和各種可愛的小動物。小亞伯特並不恐懼這些東西，並對小白鼠產生了特別的興趣。同時，華生也發現，小亞伯特對用錘子敲擊鐵棒產生的巨大聲響感到恐懼。

兩個月後，實驗正式開始，華生先是讓小亞伯特和小白鼠一起玩耍，一切其樂融融，然而就在小亞伯特用手觸摸小白鼠的一剎那，站在他身後的華生用鐵錘製造出巨大的聲響，把小亞伯特嚇得哇哇大哭起來。

隨後，這個過程反覆了多次，每當小亞伯特準備觸摸小白鼠，華生就用鐵錘製造聲響把他嚇哭。最終，當小白鼠出現在小亞伯特面前時，即使沒有聲響或其他刺激，小亞伯特也表現出了害怕的情緒，想要遠離小白鼠。

顯然，小亞伯特已經將小白鼠和巨響聯繫在了一起，進而產生了恐懼心理。並且，在這個實驗進行了幾天之後，他不光恐懼小白鼠，還連帶著對一切毛茸茸的東西，

例如小狗、棉花，甚至對聖誕老人面具上的白鬍子都產生了同樣的恐懼。

這個實驗可以說是成功的，證明了人類的恐懼可以經由條件反射被製造出來。華生發表的成果震驚了世界。

然而，從現在的角度來看，小亞伯特的實驗在各方面都有著不少問題。留下的影像資料顯示，小亞伯特很可能本身心智就不是十分健全（華生選中他的理由「被動且鎮定」其實也是表徵之一），因此這個實驗的結果其實仍有爭議。

更重要的是，這個實驗有著重大的倫理缺失。華生讓一個嬰兒對自己之前完全不會害怕的東西產生了恐懼，並且在那之後也並沒有為可憐的小亞伯特進行承諾中的「脫敏治療」。小亞伯特就像是一隻實驗用的小白鼠，在被扭曲了心理之後，又被華生拋之腦後。後來，不到 6 歲時就因腦積水而夭折了。

圖 3-7　「被參與實驗」的小亞伯特

性別實驗

如果要問人的性別是什麼決定的，大家都會很輕易
地回答出是基因，XY 是男性，XX 是女性。但如果要進一
步追問，基因決定了人的生理性別，但是一個人的心理性
別，或者說性別角色，又是由什麼來決定的呢？性別角色
是由先天基因註定，還是來自後天的環境培養？

20 世紀 60 年代，心理學界對這個問題爭論不休。

霍普金斯大學小兒科和醫療心理學的教授約翰·曼尼
博士（John William Money）堅信性別中立理論，也就是兒
童並無性別觀念，所有的性別角色都是後天養成的。他對
此進行了一系列理論上的論證，但是還差一個實驗來證明
他的理論。

1965 年一位絕望的母親找到了當時已經頗有名氣、常
常出現在電視節目中的曼尼博士。這位母親說自己有一對
可愛的雙胞胎兒子，分別叫作大衛（David Reimer）和布萊
恩（Brian Reimer），但是幾個月前，因為包皮環切手術的

意外事故，大衛失去了整個外生殖器。她希望曼尼博士可
以幫助自己。

這對曼尼博士來說是一個天賜的驗證自己理論的機
會：

這是一個雙胞胎樣本，他們有著同樣的父母、同樣的
生活環境，甚至同樣的基因！在這種情況下，以培養一個
女孩的方法去培養大衛，如果大衛長大後也確切地認為自
己是女性，那麼他的「性別中立理論」就能得到最好的證
明！

他向這位母親建議：大衛想在這種情形下以男性的身
份生活下去一定會很艱難，長大後他也很有可能無法接受
這個事實。

但是，性別角色都是後天培養出來的，趁現在孩子還
小，可以把他的性別重置為女性，按照女孩來培養，這樣
對他可能更好。

走投無路的母親接受了曼尼博士的建議，讓 22 個月的
大衛改名為布蘭達（Brenda Reimer）並接受了性別重置手
術，期望「他」能以女孩的身份重新開啟人生。

　　可憐的大衛被切掉了睪丸，裝上了女性的外生殖器。曼尼博士還特別叮囑大衛，或者說布蘭達的父母，千萬不要告訴他真相，這對他沒有好處。曼尼博士定期為布蘭達注射女性激素，並觀察、記錄「她」的成長過程。但是，事情並沒有按照他理論中的方向發展。

　　幾年以後，布蘭達似乎開始意識到有什麼不對勁。

　　而此時，曼尼博士並沒有對自己的理論產生懷疑，而是認為應該加強對於布蘭達的性別教育，幫助「她」建構更強烈的性別認知。他甚至說服母親讓兄弟倆進行一些特殊的「性姿勢練習」：讓布蘭達張開腿，布萊恩向前衝……

　　這個實驗表面上看起來似乎成功了，據雙胞胎的父母向曼尼博士的回饋中稱，布蘭達在很多方面跟他的哥哥比起來確實更具有女性的特質。因此，這對雙胞胎在 9 歲時，曼尼博士就將他們化名為「John and Joan」發表了論文，作為支持自己「性別中立論」理論的重要證據。

　　但顯然，曼尼博士無意或有意忽略了很多不利於自己理論的事實。雖然布蘭達一直不知道真相，但是性別認

知上的混亂以及長期注射的雌激素一直影響著「她」的生活，實際上布蘭達的狀態甚至遠遠稱不上是正常的。

儘管「她」一直注射雌激素，身體上還是不可避免地出現了一些男性的特徵。「她」沒有朋友，男生和女生都不願意和「她」玩耍，甚至女生不許「她」上女生廁所，男生也不許「她」上男生廁所。後來情況愈來愈糟糕，「她」的母親堅持不住了，在布蘭達 14 歲的時候，把所有的事情都告訴了「她」。知曉真相的布蘭達自己選擇將名字改回大衛，並且重新以男性的身份生活。

自此，曼尼博士的理論破產了，兄弟倆的生活看似回到了正軌。大衛又接受了一系列讓自己恢復男兒身的手術，並在 24 歲時結了婚，領養了 3 個孩子。

但這場心理實驗的影響超出了所有人的預計，陰影一直在將兄弟二人推向深淵。

2002 年，36 歲的布萊恩服藥自殺。在 14 歲大衛恢復原本的性別之後，他無法正常地與這個「突然出現」的弟弟相處，並怨恨大衛身為自己的「妹妹」時，搶奪了父母

本應給他的關注。2004 年，也就是在哥哥自殺兩年後，38
歲的大衛也用獵槍對準自己的頭，扣動了扳機。

　　可悲的是，即便旁觀了布萊恩與大衛的悲劇後，曼尼
博士仍舊認為，是他們的父母做決定不夠及時，錯過了性
別認同的視窗期才會造成這樣的結果，拒絕承認是自己的
理論有偏差。其實，現代科學研究顯示，胚胎發育時期各
種決定性別的激素就已經使胎兒獲得了相應的性別認同。

　　我們不能否認曼尼博士在性別認同研究方面的貢獻和
成就，像我們所說的「性別認同」「性別角色」等都是他
提出的概念。但他對於自己理論的盲目自大正是造成這場
悲劇的主要原因。

感官剝奪實驗

其實更多的心理實驗的被試者都是自願參加實驗的，可能是為了豐厚的報酬，也可能是為了尋求一些刺激。

1954 年，加拿大麥基爾大學心理系貼出一張廣告，心理學家貝克斯頓（W. H. Bexton）和他的同事們要招聘一些志願者來參加實驗。這個實驗看起來很簡單愉快，在溫度宜人的房間裡有一張舒適的床，志願者要做的就是躺在床上。同時，實驗人員會用一些裝置來限制他的視覺、聽覺和觸覺。

只要參加這個實驗，每天就能獲得 20 美元的報酬，相當於今日的 191 美元。要知道，當時大學生打工一個小時大約只能掙到 50 美分。這份高額的報酬讓很多大學生都躍躍欲試，他們認為自己不但可以賺到 20 美元，還可以利用這個機會好好睡一覺，或者好好思考一下自己的論文和課程計畫之類的事情。

很快就有幾名學生住進了特製的小屋，他們都說自己

最近天天熬夜寫論文，非常疲憊，正好可以趁這個機會在房間裡呼呼大睡，睡上三天都沒問題。

說這是一間小屋，不如說這是一個小膠囊，屋裡被一張床填滿，頭頂有空調，屋側有小小的觀察窗以便心理學家觀察被試者的狀態。除進食和去別屋上廁所之外，被試者就只有躺在床上滾來滾去一件事可做。而且這不是普通地躺在床上，被試者在進屋時就被戴上了會讓視覺產生模糊的塑膠眼鏡以及會限制觸覺的紙板手套，再加上屋中除空調的嗡嗡聲外，不再有任何聲響。

在被剝奪了視覺、觸覺和聽覺之後，這些被試者並沒有像他們自己想像中的那樣「好好地睡上三天」，而是很快出現了異狀，很多人甚至不到 24 小時就選擇了終止實驗。

實驗過程中，所有人都感到頭暈、噁心、反胃。腦波儀也顯示他們的意識處在一種非常奇怪的狀態，沒有睡著，但同時也無法進行主動思考。他們一度分不清自己究竟是睡著了還是醒著，這種感覺非常壓抑和恐懼，還會出

現可怕的幻覺。

在進一步對腦電波進行分析後,心理學家發現這些被試者處於嚴重失調的狀態,思維混亂,無法集中注意力。並且,這種情況在實驗結束後還會持續 2 ～ 3 天。

這就是感官剝奪帶來的後果。雖然感覺是一種低級而簡單的心理活動,但是對我們來說有著極為重大的意義。剝奪一個人的感覺,就勢必會影響他的知覺、記憶、思維等較高等級、較複雜的心理現象。感官剝奪實驗說明了感覺的喪失會嚴重影響人的思維,並波及人的情緒和意志,造成心理上的紊亂。這些參與實驗的被試者在被剝奪感官的實驗期間,都出現了病態心理現象。

後來,還有心理學家進行了更為嚴格的感官剝奪實驗,例如 1963 年,謝勒爾(Shurley)進行了將人懸掛在水中的實驗,他幾乎隔絕了被試者所能接受的所有刺激。在那種情況下別說幾天了,被試者通常連幾個小時都無法忍受。比起實驗,那可能更像是一場酷刑。

現代的心理學實驗有一個很重要的倫理底線,那就是必須遵從人道主義精神,不能妨害被試者的心理健康。畢

竟大部分時候，心理學的研究對象是人。在現代心理學研究中，已經有了一系列關於心理實驗的規定來保證實驗要儘量做到對被試者有利而無害。

　　從流程上來說，在進行實驗前，首先要對實驗進行倫理考核，那些可能對被試者造成長期傷害的實驗根本不可能通過。

　　如果實驗研究確實可能會對被試者有一些負面的影響，那麼需要在實驗之前，告知被試者實驗可能造成的影響及可能持續的時間，並確保在實驗研究結束後對被試者進行隨訪、追蹤和必要的干預，直至負面的影響消退。甚至還規定了不得以過高的報酬來誘導志願者參與實驗。

　　上面三個案例按照現在的倫理審查標準來看，都是嚴重違背倫理規範的。對心理學研究，乃至所有以人為研究對象的研究都存在著重要的警示意義。

04

冰錐療法
切除靈魂的手術

　　喝一杯咖啡的時間，就能讓狂暴的精神病患者變成乖乖聽話的「正常人」，是喜劇還是恐怖片？

失魂的娃娃

　　1942 年的一天，29 歲的好萊塢大美女法蘭西斯·法默（Frances Farmer）坐在警局裡，用不屑的眼神挑釁著員警。

　　昨天夜裡，她醉醺醺地在戰時的燈火管制區公然開著大燈飆車，被員警攔下後還和員警大打出手。這已經是她這個月第二次犯事了，兩週前她因為忍受不了髮型師帶有嘲諷的嘮叨，把對方打得下巴脫臼。

　　而十幾年之後，當法默再次出現在人們的視野當中時，似乎有什麼變得不一樣了。雖然她的皮膚依舊白皙、臉龐嬌媚、睫毛濃密、嘴唇倔強，但她的目光中，再也沒有從前的那種犀利，變得呆滯且毫無生氣。

　　在她身上發生了什麼？

　　80 年前，最耀眼的好萊塢巨星，也是最悲劇的曇花一現。

　　當時，除了美麗的容貌和精湛的演技，法默更以桀驁不馴的性格和有些特立獨行的清高為人所知。她不甘心只

做一個美麗的花瓶,曾公然拒絕拍攝好萊塢片商為她訂製的性感藝術照片,會敬業地在片場和導演認真探討她所要扮演的角色。

然而,她的母親為滿足自己的虛榮心而一心想控制她,讓她成為自己的搖錢樹。再加上她在演藝圈中沒什麼朋友,感情生活又一直不太順利,巨大的壓力讓法默忍不住爆發了。

她這種任性的宣洩,恰恰被那些嫉妒她、想要毀掉她的人所利用。終於,所有人都認為法默瘋了。她被確診為「精神病患者」,被她的母親送入了洛杉磯的一家精神病院。

在那個年代,精神病院就是陰森、擁擠的代名詞。法默所在的精神病院「關押」著 2,700 多名精神病患者,管理上十分混亂。法默在這裡沒有任何隱私,連洗澡都有人監視。甚至,她還成了男醫生們的發洩對象。而更讓她難以忍受的是對於精神病人的治療手段。當時,治療精神病患者的方法非常簡單粗暴,通常是注射胰島素和電擊。

　　為精神病患者注射胰島素，是為了使他們達到低血糖甚至休克的狀態，被稱為胰島素昏迷治療。這種療法因為效果不佳且會給患者帶來巨大的痛苦，並可能引發各種危險的並發症，現在基本已經被淘汰。甚至近年來還有研究顯示，胰島素昏迷治療會加速、加重精神分裂者的精神衰退。而電休克治療就更不用說了，那時的電擊顯然是不會在對患者進行麻醉的條件下進行的。

　　這些酷刑般的治療讓法默連連求饒，但醫生們無動於衷。在那種環境中即使是意志堅定的正常人也會被逼成瘋子。最後，法默感到自己真的要瘋了，只好同意接受醫院剛剛引進的手術——前額葉切除術。

　　在一次公開的醫學示範中，被電擊昏迷的法默就像一個玩偶一樣躺在病床上，任憑醫生將一個像冰錐一樣的東西從她的眼眶中插入大腦。

　　法默的桀驁不馴和特立獨行一去不返，她變得乖巧溫良，甚至原諒了將她送入精神病院的母親。她的生活安靜起來，儘管後來也重回螢幕，但她的眼中永遠失去了原來的光芒。

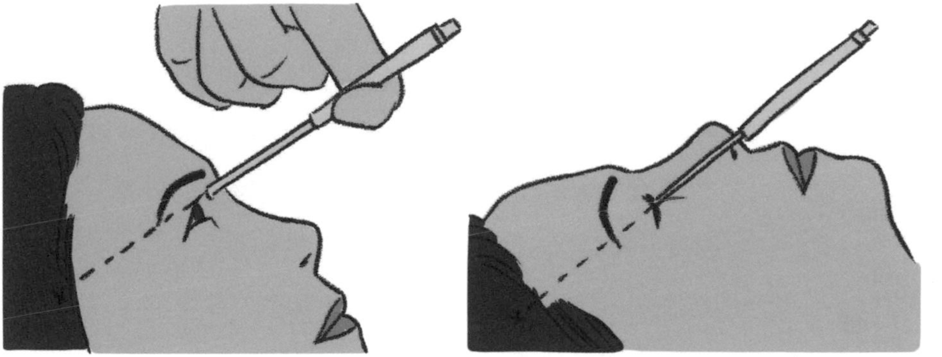

圖 3-8　可怕的前額葉切除術

無法治癒

　　這個現在聽起來這麼不人道的手術為什麼能在當時大行其道？

　　因為，在沒有科學之時，精神病一直困擾著人類。

　　全世界各地的宗教祭司都曾試圖用各種驅魔儀式來拯救這些人的靈魂，但收效甚微。即使現代科學啟蒙以後，人類仍在很長一段時間中對精神病束手無策。

　　歷史上曾先後出現多種精神病治療方法，其中的一些以現代的眼光來看，比起治療，更像是巫術。例如最早的顱骨環鑽術，居然要經由在患者的顱骨上鑽出一個洞達到治療精神病的目的。關於這種手術最早的書面記載來自西元前 5 世紀希波克拉底的《頭顱創傷》，在當時被描述為治療在軍事戰爭中顱腦損傷的一種方法；後來在文藝復興時期，這種手術被推廣至用於治療「癲狂」，也就是治療精神疾病及癲癇。

　　當時人們認為，移走頭蓋骨上的孔徑有利於「惡魔出逃」。

　　除此之外，先後還有「聞臭療法」「旋轉療法」「水療法」等各種各樣奇怪的治療手段，從現代的角度來看，共通點大概只有會給患者帶來痛苦但又沒什麼實際作用。

　　可以說，在那時精神疾病基本上就是一種「絕症」，醫生們能做的只有用各種束縛工具將這些人關押起來，然後用暴力使他們服從。如果這時能有哪位醫生站出來高喊，他破解了精神病的祕密，他能治癒精神病，頒給他 10 個諾貝爾獎，也不為過。

救命稻草

20 世紀 30 年代，這個人出現了。

1935 年，當時江湖地位已經頗高的學術元老，葡萄牙神經外科醫生安東尼奧‧莫尼茲（António Moniz）正在倫敦參加一場學術討論會。來自世界各地的醫生們在交流會上展示著自己的研究和創新。

莫尼茲本來在有一搭沒一搭地看著大家的「表演」，來自耶魯大學的神經學家約翰‧富爾頓（John Fulton）和卡羅爾‧雅克布森（Carroll Jacobsen）的研究讓他眼前一亮。他們將兩隻黑猩猩的前額葉與其他腦區的神經分開，這兩隻暴躁的黑猩猩竟然變得溫馴無比。

其實幾十年前就有人做過類似的實驗，這並不能算什麼驚人的成果，只是證明了大腦區塊與行為的一些關係，但莫尼茲的靈感被點燃了。回到葡萄牙，他說服了一位重度精神病患者的家屬，配合他進行一項新實驗。他指導著自己的助手在患者顱骨上鋸開一個小口，由這個小口向顱

圖 3-9　鑽孔的顱骨

內注射乙醇，經由乙醇破壞那一片的神經纖維，進而損毀前額葉皮質和其他腦區的聯繫。由於這些聯繫都要經過白質，這種手術被命名為「前額葉切除術」。

我們大腦的兩個半球通常被分為四個區塊，分別是額葉、頂葉、顳葉和枕葉，之間互有連接。其中大腦最前端，也就是我們的額頭後面，就是額葉。額葉又可以被分為前、中、後三個部分。

人類的前額葉可以說是大腦的命令中心。主要負責高級認知功能，比如注意、思考、推理、決策、執行任務等。

前額葉可以對於大腦各個腦區傳來的資訊進行邏輯整合。損毀並不會影響人在生理上的生存，但會對人的認知功能、行為和決策能力，以及情感和情緒造成改變。

這也是那些接受了前額葉切除術的人仍然可以正常生存，但會性情大變的原因。手術效果立竿見影，第一個接受手術的患者的精神疾病症狀明顯減輕。莫尼茲又為其他20 位精神病患者做了同樣的手術，患者的各種精神病症都

　　得到了極大的緩解。

　　於是，莫尼茲高聲一呼：「攻克精神病的方法終於被我找到了！」

　　憑藉著自己在學界的地位，學界很快認可了莫尼茲發明的「前額葉切除術」。各國醫生也都感嘆，這個發明真的是太偉大了，原來只需要這麼一個小小的手術，就能讓那些狂暴的瘋子變得像寵物一樣溫馴。

　　儘管後來大家也發現，很多接受過手術的患者都產生了一些後遺症，諸如反應遲鈍、性格變化、目光呆滯等，但與被治療的各種狂暴精神病患者相比，這些副作用都是可以被容忍的。而那些原本狂躁不堪的精神病患者從此可以住進貼著「安靜」標籤的病房，也大大減少了護理成本。

　　在進行第一例手術的 14 年後，由於發現前額葉切除術對某些心理疾病的治療效果，莫尼茲獲得了 1949 年諾貝爾生理學或醫學獎，成了第一個獲此殊榮的葡萄牙人。

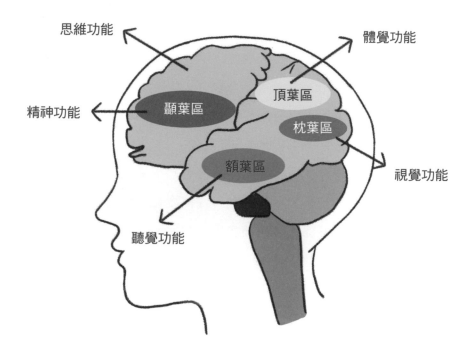

思維功能

體覺功能

精神功能

頂葉區

顳葉區

枕葉區

額葉區

視覺功能

聽覺功能

圖 3-10　人類的大腦分區

冰錐療法

其實在發明乙醇注射法後不久，莫尼茲就發現，用乙醇來破壞神經有時並不好控制，所以後來又專門設計了一種被稱為「前額葉切除器」的器械來機械損毀前額葉的神經纖維。但莫尼茲的手術畢竟是一台開顱手術，需要種種複雜的手術，對於醫生的技術也有著比較高的要求。

但真正讓手術難度降低，從而使前額葉切除術得到廣泛使用的，其實是一個美國人。他就是站在莫尼茲背後的沃爾特・弗里曼（Walter Freeman）。弗里曼優化了手術流程，發明了一種甚至由路邊小診所都能完成的前額葉切除術：「冰錐療法」（ice-pick lobotomy）。

在弗里曼的「改良」之下，前額葉切除術不再需要開顱，這就大大降低了手術的難度和感染的風險。手術設備也變得簡單了許多，只需要一套電擊工具、一把冰錐和一隻小錘子。

手術過程是這樣的：首先經由高壓電擊，使患者昏

迷，進入無意識狀態；然後拿出一根長長的冰錐順著眼球上方的空隙插入患者的眼眶，再用錘子敲打這根鋼針，讓鋼針從眼眶鑿進大腦，徒手轉動鋼針，搗毀前額葉的神經。

這個看著像恐怖片一樣的手術非常簡單，喝一杯咖啡的時間，就能讓一個狂暴的患者變成一個乖乖聽話的「正常人」。

弗里曼非常會行銷自己，他在自己的診所中向醫生和媒體介紹著他的理念和器具，以及這項手術是多麼高效和便宜。

他還提出，冰錐療法將會讓所有精神病醫院關門大吉。因為，不需要高難度的開顱手術，甚至不需要多麼嚴格的消毒措施，每人只需要 25 美元，瘋人院變成安寧祥和的養老院不是夢。

在媒體的添油加醋和利益驅使之下，弗里曼帶著自己那一箱子簡陋的工具，高喊著「人人學得會，廢除瘋人院」的口號，開始在全國各地推廣自己的手術。本來應是

為了救治嚴重精神病患者的最後手段，被渲染成能解決所有問題的小手術。弗里曼後來甚至開始鼓吹「精神病要扼殺在萌芽狀態」，還聲稱前額葉切除術可以治療頭痛。

據統計，在 1939 到 1951 年，美國至少有 4 萬人接受了這種「手術」。但是同時，冰錐療法被濫用，成千上萬的人沒有經過檢查就被綁上了手術台。據說在日本甚至出現了僅僅因為小朋友不聽話，就被家長帶去接受這個手術的案例。

根據 2014 年《華爾街日報》的報導，在冰錐療法最瘋狂的時期，美國政府還對一批退伍軍人集體實施了手術，因為，他們被認為在戰爭中受到了精神創傷。其中有很多人在接受手術治療後，留下了後遺症。

甚至美國總統甘迺迪的親姐姐羅斯瑪麗‧甘迺迪也接受過這個手術。甘迺迪家族希望經由前額葉切除術來治療她的先天性的智力障礙。但手術後，她沒有如期待般好起來，反而完全喪失了自理能力，智力僅相當於 2 歲幼童，終生在癡呆和癱瘓中度過。

　　像羅斯瑪麗‧甘迺迪這樣的患者並不是個例。雖然手術的操作門檻被冰錐療法降低了，但在當時沒有任何監測手段的條件下進行腦部手術，顯然無法進行精確的定位。醫生其實只是在憑藉感覺搗毀患者的大腦。

　　隨著接受手術的患者人數不斷上升，出現了各種各樣的後遺症，甚至也有人直接死於手術。雖然在很多情況下，患者精神病症狀確實有所減輕，但同時他們變得像行屍走肉一般，孤僻、遲鈍、麻木，神情呆滯、任人擺布。

　　就像一位母親這樣描述她接受過前額葉切除術的女兒：「我的女兒完全變成了另一個人，她的身體還在我身邊，但她的靈魂卻消失了。」

　　其實早在 20 世紀 40 年代，也就是前額葉切除術剛剛興起的時候，就有學者敏銳地覺察到了其中可能存在的問題。

　　但他們當時的發聲被淹沒在了對於「簡單治療精神疾病」的狂熱之中，並沒有引起人們的關注。不過如今學界已經形成了共識，簡單地損毀前額葉與大腦其他部分的聯繫會對人格造成不可逆且不可知的損害。再加上更加安

全有效的精神類藥物的興起，冰錐療法早已被全球各國禁止。

其實，在當時對精神疾病束手無策的情形之下，如今看來臭名昭著的前額葉切除術某種意義上也是一種進步巨大的嘗試。就像莫尼茲的諾貝爾獎頒獎詞中所說的：「儘管前額葉切除術還有些方法上的限制，應該說這是精神病治療中最重要的發現之一。」

甚至可以說，前額葉切除術最終能夠徹底退出歷史舞臺，更多的是由於新出現的抗精神病藥物使精神病患者、患者家屬和精神病醫生有更好的選擇，而並非對於手術本身的倫理或者技術的考量。

但我們也應該從前額葉切除手術帶來的悲劇中得到警示，這場悲劇的最大根源其實來自對這種手術的濫用。當「普天同慶」的新興技術可以治療困擾人類多年的頑疾的時候，對新技術保持清醒的認知而非盲從是多麼重要。

現在的我們很難想像這種野蠻殘忍的手術居然會在世界上大行其道十數載。其實站在如今的立場回首，醫學，甚至科學的「黑歷史」也不只有前額葉切除術一例（似乎

在神經學領域尤其多）。對於這些現在看來可怖或是莫名其妙的技術，我們無須心生優越。畢竟也是在近幾十年科學技術的發展中，人類才開始慢慢撥開精神領域的迷霧，建立起了一大批新一代療法。可以說，我們正是在這些「黑歷史」的基礎上不斷進步。

甚至，是否存在著這樣一種可能：我們如今這些「先進」的治療，在未來也是一場「鬧劇」？

無名英雄
我們離末日最近的那一天

是什麼阻止了第三次世界大戰，人類史上最驚險卻不為人知的時刻……

　　事情要從 1961 年美國在土耳其部署核彈說起。當時美蘇冷戰達到高峰，土耳其的位置靠近蘇聯，莫斯科等蘇聯主要城市都在導彈的射程之內。

　　美國此舉目的過於明顯，基本等同挑釁，蘇聯不可能忍氣吞聲。於是蘇聯很快展開行動反制美國，在古巴祕密部署了一批核彈，這樣一來，美國的主要城市也落入了蘇聯的導彈射程之內。

　　然而，世上沒有不透風的牆，1962 年 10 月 14 日，美國的情報部門發現了蘇聯在古巴部署的導彈，立刻從四面八方包圍了古巴，想迫使蘇聯從古巴撤出導彈。蘇聯不甘示弱，表示懸掛蘇聯國旗的船隻將無視美軍的警告和威脅，美軍膽敢襲擊蘇聯船隻，蘇聯一定會立刻採取報復行動。

　　局勢愈來愈不受控制，到了 10 月 27 日，古巴擊落了一架美軍 U-2 飛機，還揚言要先發制人襲擊美國，大戰一觸即發。

　　就在這一天，華盛頓時間 1962 年 10 月 27 日，11 點 15 分至 21 點 15 分的 10 個小時之內，在東半球和西半球，先後發生了兩件驚心動魄的事。

東半球

1962 年 10 月 27 日,華盛頓時間 11 點 15 分,也就是東京時間 0 點 15 分,駐紮在沖繩的美軍祕密基地收到例行指令,確認作戰小組已經進入二級戒備狀態(DEFCON 2)。

所謂的二級戒備是指,作戰小隊已做好一切準備,能在 2 分鐘以內進入一級戒備狀態。而一旦進入一級戒備,導彈發射班組在收到命令的 1 分鐘以內,必須讓所有導彈發射。

沖繩有 4 個導彈基地,每個基地有 2 個班組,每個班組負責 4 枚配備了馬克 28(Mark 28)核彈頭的馬斯 B 型洲際巡航導彈(Mace B),也就是一共有 32 顆核彈,每顆核彈的威力都比之前投擲在廣島的原子彈大 70 倍。並且導彈的射程達 2,250 公里,覆蓋到了韓國、中國、蘇聯和越南等國家。

這些小組收到的例行指令後面會有兩串代碼:第一串

代碼用來與班組核對時間、更新天氣預報，第二串代碼通常是完畢、謝謝、再見等結束語。但是，如果第二串代碼不是結束語，那就意味著後面很可能是一些特殊的指令。

那天當班的是約翰・博多納（John Bordne），他發現收到的第二串代碼就是一串密碼，其實這種情況偶爾也會發生，通常只是一些演習。然而博多納翻開密碼本翻譯出密碼命令後，簡直不敢相信自己的眼睛，他收到的指令是：立刻發射導彈。

博多納所在班組的發射官是威廉・巴賽特（William Bassett），巴賽特按照發射流程，打開了發射袋。發射袋中有一串密碼和一個信封。巴賽特等待著下一條指令，如果指令中的密碼和發射袋中的密碼吻合，那麼，他就要打開發射袋中的信封，信封中裝有發射鑰匙和攻擊目標。

結果，第二次傳來的代碼和上次一樣，仍是發射導彈的命令。這時，有一個班組的發射官已經有點按捺不住了，在他們的信封中，四個攻擊目標都指向了蘇聯，他認為這個命令肯定沒錯，應該立刻發射導彈。

　　片刻沉默之後，巴賽特讓自己的手下帶著武器去阻止那名發射官發射導彈，甚至囑咐手下：如果他敢發射，就立刻斃了他——除非我們收到來自更高級別長官的命令，或者確認戒備狀態升到一級。

　　按照軍事規定，戒備狀態如果上升到一級，那麼無論是誰想要阻止導彈發射，都將被等同為敵方的攻擊行為，每一名美軍都有責任將他擊斃。

　　就在巴賽特派出手下去對方班組阻止他們發射導彈的同時，那個班組也派了兩個戰士到巴賽特這裡來，要求巴賽特發射導彈。當時，兩批美軍正在發射室裡拔槍相對。

　　面對著友軍的槍口，巴賽特堅定地拿起電話，撥通了長官的號碼，要求長官要麼將戒備狀態提升到一級，要麼下令停止發射。

　　幾秒之後，長官選擇了後者。不一會兒，他們的無線電中也收到了新的指令代碼：停止發射導彈。

　　所有人都鬆了一口氣，現在時間是東京時間 0 點 45 分。

真的假的
奇怪知識又增加了

圖 3-11　兩個班組代表在發射室對峙

短短的 30 分鐘內，人類第一次與死神擦肩而過。

後來，美國政府展開調查，號稱是一位少校錯誤地傳達了命令代碼。但是，這位差點毀滅世界的少校受到的懲罰，只是被降了一個軍銜。

西半球

2 小時 18 分鐘以後，華盛頓時間（UTC-5）14 點 03 分。

古巴政府宣布他們在哈瓦那擊落了一架美軍 U-2 間諜飛機，並聲稱隨時準備先發制人、襲擊美國。

16 點，美國政府已經為開戰做好了最後的準備，時任美國國防部部長羅伯·麥克納馬拉（Robert McNamara）忍不住問自己：「我還可以看到明天的日出嗎？」

時間一分一秒地過去，到了 16 點 59 分，局勢變得更糟糕了。

美軍「蘭道夫號」航空母艦和 11 艘巡洋艦、驅逐艦組成的戰鬥群，對蘇聯的 B-59 潛艇緊追不放，並向 B-59 潛艇投放了 5 顆深水炸彈。一週前美國軍艦就發現了這艘蘇聯潛艇，並一直跟蹤到現在。

這艘編號 B-59 的潛艇這些天都無法浮上水面換氣，艙內已經停電，空調不再運轉，溫度高達 50℃，而且所有船

員每天只能獲得 1 杯水，柴油發動機產生的廢氣造成了一些船員的昏迷。

現在有三條路在艦長瓦倫丁・薩維茨基（Valentin Grigoryevich Savitsky）中校面前：要麼決不投降，繼續在海底潛伏，直到氧氣耗盡，誓死捍衛蘇聯尊嚴；要麼投降，就可以浮出水面，獲得補給；再或者，主動出擊，發射魚雷擊沉美軍軍艦，但是，這將代表著美蘇正式開戰。

17 點 29 分，美軍再次向 B-59 投放了 5 顆深水炸彈。

當時 B-59 號潛艇由於通信中斷，已經連續幾天與莫斯科失去聯絡了。薩維茨基中校認為，美軍已經對他們使用了戰爭武器，這就意味著，在他們潛伏的這些天當中，美蘇大戰已經爆發，而他們來古巴就是為了支援這場戰爭的。

所以，他們現在不能等死，更不能投降，應該選擇發射魚雷，正面迎戰。

但按照流程規定，發射魚雷必須艦長、安全官和副艦長三人都同意。安全官贊同艦長的分析，船員們都興奮起來，只等一聲令下，立即進入戰鬥狀態，擊沉美軍驅逐艦。

　　這個時候 B-59 的副艦長，以及整個潛艇編隊的總指揮瓦西里·阿爾希波夫（Vasily Arkhipov）站了出來，冷靜地說：「我不同意發射魚雷。」

　　其實，阿爾希波夫知道一個船員們都不知道的祕密，那就是他們船上的魚雷是核魚雷。他完全明白在這個節骨眼上，一旦發射核魚雷，一定會導致美蘇間的核戰爆發，世界將徹底毀滅。蘇軍正是看中了阿爾希波夫的冷靜，才讓他去裝有核魚雷的艦艇上任職。理論上，他的級別比艦長還高半級。

　　17 點 58 分，美軍第三波深水炸彈到來，顯然，美軍也不知道他們正在轟炸的是一個裝著核魚雷的龐然大物……

　　年輕的艦長已經失去了理智，堅持要用魚雷反擊。但阿爾希波夫堅決反對，他堅信戰爭還沒有爆發。阿爾希波夫運用他的領導才能，讓憤怒的艦長冷靜了下來，也讓激動的船員冷靜了下來，但他始終保守著核魚雷的祕密。

　　最終，21 點 15 分，B-59 在夜幕中浮出了水面，示意投降。

　　阿爾希波夫的判斷果然沒錯，戰爭沒有爆發。美國

人也並沒有為難他們，沒有登船檢查，只是目送著他們離開，返回蘇聯。

當時的蘇聯領導人赫魯雪夫致信白宮，同意蘇聯從古巴撤走導彈，但作為交換，美國也要從土耳其撤走導彈。經過一天的考慮，當時的美國總統甘迺迪接受了這一提議。

沉默的英雄

一場可能影響全人類的危機，就這樣突然地結束了。

2015 年 5 月，一個美國老兵老淚縱橫地和記者講述了 1962 年發生在沖繩的故事。他就是當時那位接到發射指令的士兵約翰・博多納。此時，阻止核彈發射的英雄威廉・巴賽特已經去世 4 年了。

博多納說，他一輩子都忘不了那緊張的 30 分鐘，也始終記得巴賽特那時說的話：「這個時候，全人類的命運都在我們的手中。假如我們執行命令，那麼我們極有可能在今晚就與地球一起滅亡；假如我們不執行命令，戰爭要是真的已經爆發了，那麼我們也必將和地球一起滅亡。萬一這當中有錯，我們拒絕這個錯誤的命令，就將拯救全世界，拯救全人類，請大家慎重考慮。」

在事件結束後，巴賽特還這樣說過：「這是一場烏龍，我們沒有選擇發射。雖然我們拯救了全人類，但我們不會得到表彰。請大家記住，這件事情從來沒有發生過。

我們所有人，今後都不許討論今晚發生的任何事。」

巴賽特堅守著他的承諾，直到 2011 年去世時，依舊沒有得到任何掌聲和感謝，甚至直到他去世 4 年後，我們才知道了他曾經拯救全世界的事蹟。

相比默默無聞的巴賽特，阿爾希波夫的遭遇更令人唏噓。

由於他們的投降，返回蘇聯以後，阿爾希波夫和其他船員經常被人指指點點，有人還說他們當時還是跟船一起沉了更好。有些船員不堪其擾，一腔怒火撒在了阿爾希波夫的頭上，甚至向阿爾希波夫家裡扔石頭，罵他是不敢開火的懦夫。

但事實上，除了蘇軍高層、艦長和阿爾希波夫，別人都不知道，當時他們艇上裝的是核魚雷。

1986 年，車諾比事件爆發，60 歲的阿爾希波夫再次臨危受命，被委任救災，他也再次成功地完成了任務。

1998 年，72 歲的阿爾希波夫在病痛中去世，也將 1962 年關於核魚雷的祕密帶到了墳墓裡。

　　直到他去世 4 年以後，在 2002 年古巴導彈危機 40 周年的紀念活動上，一位高層軍官才透露了核魚雷的祕密，並向與會者講述了阿爾希波夫的故事。

　　一位當年親身經歷了整個事件的美國歷史學家聽完這個故事表示，如果當時阿爾希波夫同意發射核魚雷，那美蘇之間核戰將不可避免。在那種情況下，成百上千的核武會在幾個小時之內從美蘇各個基地中被發射出來。

　　1962 年 10 月 27 日，用甘迺迪當時的一名顧問的話來說，那是「人類歷史上最危險的」一天。由於一些人的堅持與冷靜，全人類兩次與使用核武器的死神擦肩而過。

　　自 1945 年 8 月 6 日，第一顆被用於戰爭的原子彈在廣島上空爆炸，人類進入了核武的時代，我們所製造的武器，威力已經足以摧毀地球。

　　不知道在下一個危急關頭，是否還有像巴賽特和阿爾希波夫這樣的人，來守衛我們的和平。

參考文獻

——PART 1——

01

[1] 雞的時代，人的時代 | 果殼

https://www.guokr.com/article/445858/

[2] 肉雞作為人類重組生物圈的訊號皇家學會開放科學

https://royalsocietypublishing.org/doi/10.1098/rsos.180325

[3] 一億年前的琥珀擁有微小的羽毛小雞 | 生命科學

https://www.livescience.com/59432-cretaceous-chick-in-amber.html

[4] 今天，我們正在吃 1948 年明日之雞的冠軍 – 現代農夫

https://modernfarmer.com/2014/05/today-eating-winners-1948-chicken-tomorrow-contest/

02

[1] 智力的第二種起源？牠們看似普通，卻擁有地球上最難以解

釋的智慧

https://www.linkresearcher.com/information/af6749f2-2bb8-4820-9cfa-77e8139e18d6

[2] 關於章魚的幾個事實

https://www.livescience.com/55478-octopus-facts.html

[3] 別亂摸！八爪章魚中有一根觸手是生殖器

http://www.kepuchina.cn/yc/201703/t20170327_161582.shtml

[4] 朱欽士「反貼」的視網膜 [J]. 生物學通報 , 2015, 50(3):27-30.

[5] 章魚的智慧 & 吃章魚的智慧……

https://zhuanlan.zhihu.com/p/30588582

03

[1] 邁阿密大學學生在哥斯大黎加被殺人蜂襲擊致死

https://apnews.com/article/dcbc943e03514298e0c280d39f3f6982

[2] 中國農業百科全書總編輯委員會養蜂卷編輯委員會中國農業百科全書編輯部 . 中國農業百科全書：養蜂卷 [M]. 北京：農業出版社 ,1993.

[3] 胡積康 · 侵入美洲大陸的非洲蜂 [J]. 世界知識，1986(19):7.

[4] 駱尚驊 . 蜂毒與蜂毒過敏（綜述)[J]. 中國養蜂 , 2001, 52(5)：29-30.

[5] 殺人蜂真的存在嗎？蜜蜂知識

http://m.kumifeng.com/zhishi/1738.html

[6] 令人聞「蜂」喪膽的殺人蜂，是如何席捲美洲的？源於一次
物種改良 – 科普中國

https://cloud.kepuchina.cn/newSearch/imgText?id=6933096643958366208

04

[1] 王蔭長 . 郵票圖說達爾文和他的昆蟲情緣 [J]. 應用昆蟲學報 ,
2009, 46(4):641-646.

[2] The Bombardier Beetle Myth Exploded

https://ncse.ngo/bombardier-beetle-myth-exploded

[3] 炸彈甲蟲真的可以在腹中合成灼熱化合物嗎？

https://www.zhihu.com/question/331023456/answer/738313163

[4] 放出燙到冒煙的屁，這種小甲蟲怎麼做到的？| 物種日曆

https://www.163.com/dy/article/GDBKSPTE05259Q0E.html

[5] 小心，別為動物的奇門暗器所傷

https://www.guokr.com/article/439087/

[6] 為什麼世界上沒能進化出來能噴火的生物？

https://daily.zhihu.com/story/9721939

05

[1] 榮楠楠 . 說死就「死」的北美負鼠：動物界中著名的表演大
師 [J]. 環球人文地理 , 2018 (13):72-79.

[2] 蘇澄宇 . 為什麼小貓被捏住後頸就不動了？ [J]. 科學世界 ,

2017 (9):137-137.

[3] ESPOSIT, O, GYOSHIDA, S, OHNISHI, R, et al. Infant Calming Responses during Maternal Carrying in Humans and Mice[J]. Current biology: CB, 2013, 23 (9): 739-745.

06

[1] 莫雲瀚 . 鯨魚死後的大爆發 [J]. 大科技（百科新說）, 2016 (1):9-10.

[2] 用炸藥引爆鯨魚來避免鯨爆，你們可真是一群小天才
https://zhuanlan.zhihu.com/p/303444424

[3] 把抹香鯨裝進博物館，總共分幾步？
https://m.thepaper.cn/baijiahao_10708690

[4] 祝茜，姜波，湯庭耀. 鯨類擱淺及其原因探討[J]. 海洋科學, 2000,24(6):7-10.

——PART 2——

01

[1] 馬甯 , 婁玉山 , 邢松 . 最完整的南方古猿化石 [J]. 化石 , 2012 (2):6-8.

[2] 復旦大旭李輝教授所繪製的人類進化版圖

[3] 何平 . 基因考古揭示歐洲人類起源 [J]. 西南民族大學學報（人文社會科學版）, 2004, 25 (1): 4-5.

[4] 賴克 . 人類起源的故事 [M]. 葉凱雄 , 胡正飛 , 譯 . 杭州 : 浙江人民出版社 , 2019.

02

[1] 道金斯 . 自私的基因 [M]. 盧允中 , 張岱雲 , 王兵 , 譯 . 長春 : 吉林人民出版社 , 1998.

[2] 有人問有經期的進化目的是什麼 , 這位科學家給出了深入的答案

https://www.boredpanda.com/evolutionary-benefits-of-periods-suzanne-sadedin/

03

[1]]Allentoft M E, Collins M, Harker D, et al. The half-life of DNA in bone: measuring decay kinetics in 158 dated fossils[J]. Proceedings of the Royal Society B:Biological Sciences,2012, 279(1748): 4724-4733.

[2] 28000年前的長毛象細胞核在小鼠卵細胞內的生物活性 https://www.nature.com/articles/s41598-019-40546-1/

[3] 冰人的工具包

https://journals.plos.orgplosone/article?id=10.1371/journal.pone.0198292

[4] 宣桂鑫 . 考古學中的物理:義大利博爾紮諾南蒂羅爾考古博物館的冰人奧茨的研究 [J]. 物理通報 , 2008 (2):52-54, 66.

[5] 孫志超, 張群. 穿越 5300 年的冰雪戰士「冰人奧茨」[J]. 大眾
考古,2014(1):60-63.

[6] 揭秘中國第一家人體冷凍中心：最小冷凍者 13 歲
https://zhuanlan.zhihu.com/p/342428440

04

[1] MORONO,Y, ITO,M , HOSHINO,T, et al. Aerobic microbial
life persists in oxic marine sediment as old as 101.5 million years[J].
Nature Communications, 2020, 11(1): 3626. https://www.nature.
com/articles/s41467-020-17330-1/

[2] 簡·希亞得：冰上奇跡
https://www.snopes.com/fact-check/miracle-on-ice/

[3] 馬克·羅斯：可控的假死狀態
https://www.ted.com/talks/mark_roth_suspended_animation_is_
within_our_grasp?language=zh-cn

[4] 科學家在小鼠和家兔腦中發現冬眠開關，電影中的人工冬眠
不遠了？
https://zhuanlan.zhihu.com/p/161196919

[5] TAKAHASHITM , SUNAGAWAGA ,SOYAS, et al. A discrete
neuronal circuit induces a hibernation-like state in rodents[J].
Nature，2020，583：109–114.

[6] 《自然》：生命如何按下暫停鍵

https://zhuanlan.zhihu.com/p/181681056

05

[1 你有囤積症嗎？囤積症會讓你一事無成 – 簡書
    https://www.jianshu.com/p/b657ac839dbb

[2] 霍華德·休斯，他是世界上最有錢的強迫症患者
    http://www.qdaily.com/articles/15852.html

[3] 神奇的強迫症：你確定你能控制自己的想法？
    https://zhuanlan.zhihu.com/p/48215326

[4] 別再輕易說自己有強迫症了，真正的它是個可怕的閉環
    https://www.guokr.com/article/455479/

06

[1] 曙光初照：三峽秭歸的太陽神石刻
    http://www.kaogu.cn/cn/kaoguyuandi/kaogusuibi/
    2013/1025/34881.html

[2] 「我，尤金·派克，決定把它叫作太陽風！」
    https://zhuanlan.zhihu.com/p/41858830

[3] 派克號探測器發射成功：你來人間一趟，你要看看太陽
    https://zhuanlan.zhihu.com/p/41861460

[4] 貝爾 . 天文之書 [M]. 重慶：重慶大學出版社， 2015. 132

——PART3——

01

[1] 來自南極地區的金戈企鵝的塑膠微粒 | 科學報告

https://www.nature.com/articles/s41598-019-50621-2

[2] 人類糞便首次發現塑膠微粒 !! —知乎

https://zhuanlan.zhihu.com/p/48300208

[3] 周倩，章海波，李遠，等 . 海岸環境中塑膠微粒汙染及其生
態效應研究進展 [J]. 科學通報，2015，60(33):3210-3220.

[4] 塑膠對海洋的危害，比預想的還可怕 | 果殼 科技有意思

https://www.guokr.com/article/454635/

[5] 隱形的「殺手」—塑膠微粒

https://zhuanlan.zhihu.com/p/37272999

02

[1] 日本史上命最硬的人！被核彈炸 2 次都奇跡生還

https://www.storm.mg/lifestyle/1444345?page=2

[2] 如何製造原子彈？ 5 分鐘瞭解：原子彈製造原理

https://www.zhihu.com/zvideo/1389957006330085376

[3] 兩名核子物理學家因它喪生，這枚「惡魔核心」為實驗安全
敲響了警鐘

http://k.sina.com.cn/article_2215881863_8413ac87001007sj3.html

[4] 美國核科學與歷史博物館：路易士·斯洛廷

https://www.atomicheritag.org/profile/louis-slotin8

[5] 路易士‧斯洛廷和「隱形殺手」

https://web.ncf.ca/lavitt/louisslotin/beaver.html

03

[1] 小亞伯特去哪了

https://www.psychspace.com/psych/viewnews-12759

[2] 閻書昌. 華生實驗被試小阿爾伯特的身份確認及爭論 [J]. 西北師範大學學報 (社會科學版)， 2013 (1):93-98.

[3] 性別認知究竟是天生的還是後天的，一個殘酷的人體實驗或許可以給你啟發

https://zhuanlan.zhihu.com/p/25276438

[4] 葛明貴. 感覺剝奪實驗研究述評 [J]. 安徽師範大學學報 (人文社會科學版)，1994(3):269.

[5] 蠻荒時代落幕的實驗不會再上演｜談談心理實驗的倫理

https://www.xinli001.com/info/100438397?source=pc-home

04

[1] 法蘭西斯‧法默 | IMDb

https://www.imdb.com/name/nm0002068/

[2] Bret S. Stetka, et al. Odd and Outlandish Psychiatric Treatments Through History. Medscape. April 13, 2016

[3] 神經科學的黑歷史：前額葉切除術

http://www.cas.cn/kx/kpwz/201507/t20150701_4383054.shtml

[4] 額葉切除術,諾貝爾獎的「黑歷史」?

https://zhuanlan.zhihu.com/p/30356141

[5] 《諾貝爾獎講演全集》編譯委員會. 諾貝爾獎講演全集:第 Ⅳ 卷 生理學或醫學 [M]. 福州:福建人民出版社, 2003: 401-403.

05

[1] Revealed: US almost launched nuclear weapons during Cuban Missile Crisis

https://www.rt.com/usa/319999-cuban-nuclear-apocalpyse-revealed/

[2] 美國差點毀掉世界!兩度命令向 4 國射 32 枚核彈

https://world.huanqiu.com/article/9CaKrnJRcuc

[3] 趙學功. 古巴導彈危機與 20 世紀 60 年代的美蘇關係 [J]. 史學 月刊, 2003(10):65-72.

[4] 古巴導彈危機:美蘇的大國軍事角力

https://www.zhihu.com/market/paid_column/12367313 65883465728/section/1238503903911464960?origin_label=search

Y
001

真的假的！奇怪知識又增加了

自說自話的總裁顛覆認知的科學奇想

作　　者｜自說自話的總裁
插　　畫｜Robin_彬仔
封面設計｜林木木
內文排版｜薛美惠
責任編輯｜鍾宜君

出　　版｜**晴好出版事業有限公司**
總 編 輯｜黃文慧
副總編輯｜鍾宜君
行銷企畫｜胡雯琳
地　　址｜10488台北市中山區復興北路38號7F之2
網　　址｜https://www.facebook.com/QinghaoBook
電子信箱｜Qinghaobook@gmail.com
電　　話｜（02）2516-6892　　傳　真｜（02）2516-6891

發　　行｜**遠足文化事業股份有限公司（讀書共和國出版集團）**
地　　址｜231新北市新店區民權路108-2號9F
電　　話｜（02）2218-1417　傳真｜（02）22218-1142
電子信箱｜service@bookrep.com.tw
郵政帳號｜19504465（戶名：遠足文化事業股份有限公司）
客服電話｜0800-221-029　　團體訂購｜02-22181717分機1124
網　　址｜www.bookrep.com.tw
法律顧問｜華洋法律事務所／蘇文生律師
初版一刷｜2023 年7月
定　　價｜420元
ＩＳＢＮ｜978-626-97357-1-6
ＥＩＳＢＮ｜978-626-97511-2-9（PDF）　978-626-97511-1-2（EPUB）

國家圖書館出版品預行編目(CIP)資料

真的假的！奇怪知識又增加了/自說自話的總裁著. -- 初版. -- 臺北市：
晴好出版事業有限公司出版；新北市：遠足文化事業股份有限公司發行, 2023.07
336面；14.8×21　公分
ISBN 978-626-97357-1-6(平裝)

1.CST: 科學 2.CST: 通俗作品
307.9　　　　　　　　　　　　　　　　　　　　　　　　112006317